Arbeiten des Reichskuratoriums für Technik in der
Landwirtschaft (Unterausschuß für Molkereiwesen)

Heft 4

Energiewirtschaftliche Untersuchungen in 15 Molkereibetrieben

Von

Prof. Dr. B. Lichtenberger und Dipl.-Ing. Kuhlig

Sonderabdruck aus
Milchwirtschaftliche Forschungen
Bd. 6, H. 1/3

Springer-Verlag Berlin Heidelberg GmbH
1928

ISBN 978-3-662-31393-0   ISBN 978-3-662-31600-9 (eBook)
DOI 10.1007/978-3-662-31600-9

Seit 4 Jahren werden von dem Kieler Institut für Maschinenwesen, wenn sich Gelegenheit dazu bietet, energiewirtschaftliche Untersuchungen ganzer Molkereianlagen unternommen, um für Beratungs- und Forschungszwecke einwandfreies Zahlenmaterial aus der Praxis zu erhalten.

Die heutige Wirtschaftslage zwingt den Leiter einer Molkerei, seinen Betrieb mit größter Sparsamkeit zu führen, wenn er in dem heftigen Konkurrenzkampf die Oberhand behalten will. Zu diesen Sparsamkeitsmaßnahmen gehört u. a. auch ein sorgfältiges Haushalten mit Kohle, Dampf, Wärme, Kälte, Warmwasser, Kaltwasser usw.

Schon während des Krieges gewannen diese Momente an Bedeutung; man fragte z. B., ob es zweckmäßiger sei, eine Molkerei mit Dampf zu betreiben oder elektrischen Strom zu beziehen.

Bekanntgeworden sind Versuche im Bezirk Stettin und ein Versuch der Arbeitsgemeinschaft Technik in der Landwirtschaft in der Molkerei Dahme, sowie die Versuche des Obering. *Leder* in oldenburgischen Großmolkereien.

Es liegt aber in der Natur des Molkereigewerbes mit seiner großen Vielseitigkeit hinsichtlich Größe, Einrichtung und Wirtschaftsform seiner Betriebe, daß nur auf Grund zahlreicher, unter den verschiedensten Verhältnissen angestellter Untersuchungen ein klares Bild der Energiewirtschaft in diesen Betrieben erzielt werden kann.

Die in dieser Arbeit vorgelegten Versuchsergebnisse aus 15 untersuchten Molkereien stellen die erste Gruppe unserer Untersuchungen auf dem Gebiete der Energiewirtschaft in deutschen Molkereien dar. Leider fehlt diesen Versuchen noch die Einheitlichkeit in der Versuchsanstellung; d. h. die Ziffern können nicht immer miteinander verglichen werden, weil die Arbeiten mit zunächst noch unzulänglichen Mitteln begonnen wurden und die Güte der Versuchsausführung erst im Laufe der Jahre nach und nach entwickelt werden konnte.

Ursprünglich begannen wir unsere Untersuchungsfahrten mit 2 großen Kisten, in denen die allernotwendigsten Apparate untergebracht waren, Apparate, die sich mitunter gar nicht für dieses Transportsystem eigneten und bald unbrauchbar wurden. Als unsere Versuche Anklang fanden, weil sie den Molkereien Nutzen brachten, wurde das Apparatematerial verbessert und vermehrt, Werkzeuge zum leichteren Ein- und Ausbau angeschafft. Schließlich wurde ein Omnibus gekauft, der einen schonenderen Transport ermöglichte und unsere Beweglichkeit sehr erhöhte.

Unbedingt sind die neueren Untersuchungen besser als die älteren. Trotzdem halten wir es für richtig, auch diese noch zur Kenntnis der Öffentlichkeit zu bringen und grundlegende Erfahrungen, die wir hierbei machten, schriftlich niederzulegen.

Die vorliegenden Untersuchungen laufen bis Ende 1926, d. h. bis zu dem Termin, als das Reichskuratorium für Technik in der Landwirtschaft in Anerkennung der Wichtigkeit dieser Arbeiten durch Zurverfügungsstellung von Geldmitteln uns die Möglichkeit gab, unsere Apparate nochmals zu ergänzen und eine ganze Serie von Betrieben (Sommer 1927 waren es 15 Molkereien) nach einem nunmehr ganz einheitlichen, sehr erweiterten Programm zu studieren.

Die Ergebnisse aus diesen 15 Betrieben haben wir einer 2. Arbeit vorbehalten.

Maßgebend für die ersten 15 Untersuchungen war, daß wir diese auf Bestellung und gegen Bezahlung ausführten, d. h. wir konnten uns besonders typische Molkereien nicht aussuchen, und wir wurden natürlich auch nur von Betrieben gerufen, die noch nicht auf der Höhe waren und vor dem beabsichtigten Umbau ihre Betriebsweise gut kennenlernen wollten, um dann, meist unterstützt von unseren Vorschlägen, den Umbau möglichst zweckmäßig durchzuführen.

Daß dieses erfolgreich gelang, zeigt ganz besonders deutlich die Untersuchung der Molkerei B, über deren Ergebnisse bereits in Nr. 126, Jahrg. 1926 der Hildesheimer Molkereizeitung berichtet wurde.

Bevor wir nun zu den Untersuchungsergebnissen selbst kommen, sei zunächst kurz dargelegt, welche Ziffern wir zu erlangen bestrebt waren und mit welchen Hilfsmitteln wir ihrer habhaft wurden. Wir sehen jedoch davon ab, auch die Rechnungsmethoden mit anzugeben, da wir von den in der Technik üblichen Rechnungsverfahren nicht abgewichen sind.

Weiterhin sei hervorgehoben, daß die gewonnenen absoluten Zahlen nur bedingten Wert haben und daß wir deshalb dazu griffen, relative Zahlenreihen zu entwickeln, die eine gewisse Vergleichbarkeit der Versuchswerte gestatten.

Das Untersuchungsverfahren entwickelte sich folgendermaßen:

Bei den ersten Untersuchungen machten wir uns hauptsächlich mit einzelnen Maschinen und Apparaten vertraut, da das Interesse der auftraggebenden Molkereien fast immer in dieser Richtung lag. So beauftragten uns z. B. mehrere Molkereien mit der Ermittlung des Dampfverbrauches ihrer Dampfmaschinen. In diesen Fällen war dieser so hoch, daß eine Untersuchung des Gesamtbetriebes keinen Zweck mehr gehabt hätte. Immer wurden jedoch hierbei die Dampfverbrauchswerte der Pasteure festgestellt, so daß bei späteren Untersuchungen auf Grund dieser Ergebnisse, deren Richtigkeit durch Laboratoriumsversuche bewiesen wurde, eine Feststellung des Dampfverbrauches der Pasteure durch Kondensatmessung sich nicht mehr erforderlich machte.

Späterhin wurde folgendermaßen verfahren:

Zuerst erfolgte eine gründliche Besichtigung des Betriebes. Hierbei wurden Dampf-, Kraft- und Wasserverteilung schematisch aufgezeichnet und die Meßstellen genau festgelegt. Sodann wurden die Meßinstrumente eingebaut, die sämtlich nach dem Einbau noch einen Tag zur Probe liefen. Gegebenenfalls wurden an diesem Tage Einzelversuche angestellt. Diesen folgten die Hauptversuche für mehrere Tage, bis befriedigende Ergebnisse vorlagen.

Die Meßinstrumente wurden so gewählt, daß eine schnelle Ablesung möglich war oder die Instrumente die Messungen selbst aufschrieben. Nach jeder Untersuchungsreise (2—4 Molkereien) wurden alle Instrumente, deren Fehler sich geändert haben konnten, geeicht, die selbstschreibenden und die elektrischen Thermometer vor jeder Untersuchung kontrolliert. Da im Laboratorium des Maschineninstitutes Eichvorrichtungen vorhanden sind — auch für Wassermesser — ergaben sich hierdurch keine besonderen Schwierigkeiten.

Im einzelnen wurde gemessen:

Das Speisewasser mit einem Siemens-Taumelscheiben- oder mit einem Kolbenspeisewassermesser von I. C. Eckardt.

Die Kohlen mit einer Laufgewichtsdezimalwaage.

Der Kesseldruck mit einem Kontrollmanometer von Schaeffer und Budenberg oder von Dreyer, Rosenkrantz und Droop.

Die Abgastemperatur mit Thermoelement und Millivoltmeter von Siemens & Halske oder mit einem Quecksilber-Federthermometer von I. C. Eckardt.

Der CO_2- und O_2-Gehalt der Rauchgase mit Orsatapparat von Dittmar & Vierth, Hamburg.

Der Maschinendampf und der direkte Dampf (nur bei den neueren Untersuchungen) mit Stauscheiben verschiedenen Durchmessers in Verbindung mit 2 selbstschreibenden Dampfbelastungsmessern von I. C. Eckardt.

Der Zug im Fuchs und über dem Rost mit einem Zugmesser von Union-Apparatebau, Karlsruhe.

Die Warmwassermenge entweder vor dem Behälter unter Berechnung des Wasserinhaltes mit Siemens-Scheiben-Kaltwassermesser oder hinter dem Behälter mit Warmwassermessern von Meinecke, Andrae oder Siemens.

Die Kaltwassermenge, soweit überhaupt erfaßbar, mit Siemens-Scheiben-Kaltwassermessern oder Siemens-Milchmessern, an einzelnen Hähnen auch mit Meinecke-Flügelradmessern.

Die Warmwassertemperatur durch ein in der Entnahmeleitung oder im Bassin in der Nähe des Abflusses angebrachtes selbstschreibendes Quecksilberfederthermometer von Schaeffer und Budenberg.

Die Speisewassertemperatur mit Glasthermometern oder mit selbstschreibendem Quecksilberfederthermometer von I. C. Eckardt.

Die Milch- und sonstigen Wassertemperaturen mit Glasthermometern oder mit Widerstandsthermometern in Verbindung mit einem Temperatur-Meßkoffer von Siemens & Halske.

Der Kraftverbrauch durch Indizierung mit 2 Außenfeder-Maihak-Indicatoren oder mit Gleich- oder Wechselstrommeßkoffern von Siemens & Halske; letztere mit Stromwandler.

Die Drehzahlen mit Umdrehungs- oder Tourenzähler, für die Zentrifugen mit Schwingungs-Tourenzähler (Siemens).

Die Kondensate mit Trommelwassermessern von I. C. Eckardt.

Die Ablesungen erfolgten alle 5 oder 10 Minuten. Seitens der Versuchsteilnehmer wurden Protokolle geführt, der Versuchsleiter hatte außerdem sämtliche Betriebsereignisse im Hauptprotokoll zu verzeichnen.

Die Mittelwerte sind arithmetisch aus den Ablesungen. Bei wechselnden Durchflußgeschwindigkeiten (z. B. Warmwasserleitung) erfolgte bei den neueren Untersuchungen genaue Umrechnung nach den in regelmäßigen Abständen abgelesenen Durchflußmengen und -temperaturen.

Die Endergebnisse der Untersuchungen sind in der Taf. I übersichtlich zusammengestellt.

In der Auswertung der gefundenen absoluten Werte zu relativen Zahlen sind wir weiter gegangen als das an sich nötig gewesen wäre, damit jedem Molkereileiter der Vergleich mit seinem eigenen Betrieb ermöglicht wird.

So ist z. B. der Kohlenverbrauch in 3 Werten enthalten, dem absoluten Kohlenverbrauch, bezogen auf 1000 l Milch, dem auf Kohle von 7000 kcal/kg umgerechneten Kohlenverbrauch und dem Kohlenwärmeverbrauch. Die beiden letztgenannten Werte lassen sich nicht umgehen, da verschiedene Betriebe mit Braunkohlenbriketts und Rohbraunkohle arbeiten; sie bedeuten natürlich nur zwei verschiedene Ausdrucksformen desselben Wertes.

Dampfverbrauch und Dampfwärmeverbrauch stehen fast in jedem Betrieb in demselben Verhältnis zueinander, da die gebräuchlichen Dampfdrücke sehr wenig voneinander abweichen. Unseres Erachtens gestattet der Dampfwärmeverbrauch eine bessere Beurteilung des Betriebes als der Kohlenwärmeverbrauch, da in letzterem der Kesselwirkungsgrad mit enthalten ist. Dieser muß jedoch für sich beurteilt werden, weil er zu stark beeinflußt werden kann, ohne daß an der Betriebsführung der Molkerei etwas geändert wird. Auch lassen andere Kesselbauarten (Ölfeuerung, elektrischer Kessel) andere Wirkungsgrade erwarten.

Der Arbeitsverbrauch ist bei elektrischem Antrieb als Stromverbrauch am Zähler, bei Dampfmaschinen als indizierte Arbeit gemessen, der Eigenverbrauch der Antriebsmaschinen steckt somit in diesem Werte.

Da in den meisten der untersuchten Betriebe keine Kondensatrückführung vorhanden und die Abdampfverwertung schlecht ist, macht sich erheblich mehr Warmwasserzusatz zum Speisewasser nötig, als dies in einer gut eingerichteten Molkerei der Fall sein würde. Wir haben daher davon abgesehen, den „Gesamten Warmwasserverbrauch" in die relativen Zahlen mit hineinzunehmen und uns mit dem „Warmwasserverbrauch für Reinigungszwecke" begnügt.

Die „Höchste" und die „Mittlere Belastung" sollen Anhaltspunkte für die Wahl der Maschinengröße geben und eine bessere Beurteilung des Betriebes gestatten, wofür auch die übrigen Angaben gedacht sind, welche sich auf der Tabelle befinden.

An dieser Stelle sei miterwähnt, daß mit den aufgeführten Ergebnissen unsere Untersuchungen natürlich nicht erschöpft waren, sondern daß noch zahlreiche andere Feststellungen gemacht wurden. Hierher gehört z. B. der bauliche Teil der Betriebe, Aufnahme der Räumlichkeiten nach Größe und Kubikmeter umbauten Raumes, Zweckmäßigkeit der Raumanordnung, Belüftung des Betriebes, Zustand bzw. Eignung der verwendeten Baustoffe in Sonderheit bei den Fußböden und dem Wandbelag, Form der Rampen usw.

In gleicher Weise wurde der maschinelle Teil untersucht, der Zustand der Maschinen, ihre Abnützung, bzw. die Notwendigkeit der Erneuerung, die Länge der Milchrohrleitungen, sowie die Zahl der Milchhähne und Ventile u. a. m.

Auch für diese beiden Teile haben wir zwecks leichter Beurteilung zu relativen Zahlen gegriffen, indem wir die Bau- und Einrichtungskosten auf 1000 l der Höchstmilchmenge berechneten und auch die Kubikmeter umbauten Raumes auf diese Einheit bezogen.

Bei Untersuchung städtischer Betriebe kamen noch relative Zahlen hinzu, die sich auf die verwendeten Arbeitskräfte bezogen.

Alle diese nicht energiewirtschaftlichen Werte sind in vorliegender Arbeit nicht wiedergegeben, weil uns ihre Zahl noch nicht ausreichte, um als richtunggebend angesprochen werden zu können.

Es folgen nun zunächst die Einzeluntersuchungen nebst einer kurzen Betriebsbeschreibung, die es dem Fachmann gestattet, die Bedeutung der gegebenen Versuchswerte zu beurteilen. Bei den angegebenen Versuchstagen sind die Tage, an welchen Einzelversuche vorgenommen wurden, sowie die Tage, deren Ergebnisse zufolge Störungen nicht befriedigten, nicht mitgezählt worden.

Die untersuchten Betriebe gruppieren sich nach der Betriebsform wie folgt:

Molkereien A bis D: Beschränkte Betriebe.
Molkereien E und F: Butterei und Käserei.
Molkereien G bis K: Butterei mit Milchversand.
Molkereien L bis N: Kleine städtische Betriebe.
Molkereien O und P: Große städtische Betriebe.

Molkerei A (Mai).

Veraltet. Tägliche Milchmenge etwa 3500 l, der Molkereigröße fast entsprechend. Nur Buttererzeugung, Magermilch heiß zurück. Vor der Milchverarbeitung wird in einem holsteinischen Faß mehrmals gebuttert, abends ein Teil der Abendmilch wassergekühlt, wobei die Antriebsmaschine zum Wasserpumpen läuft. Hocherhitzung der Milch soweit wie möglich mit Abdampf. Kühlmaschine, Wärmeaustausch, Kondensatrückführung und Speisewasservorwärmer nicht vorhanden. Zustand der Dampfmaschine nicht gut. Warmwasserbereitung bei Dampfantrieb mit Abdampf (Schlange im Behälter), bei elektrischem Betrieb mit direktem Dampf. Räume etwas zu klein, schwer sauber zu halten.

Versuche: Dampfbetrieb 2 Tage, elektrischer Betrieb 2 Tage, die jeweils zu einem Tag zusammengezogen sind.

Kessel.

		Elektr. Betrieb	Dampfbetrieb
Heizfläche	qm	10	10
Rostfläche	qm	0,36	0,36
Zulässiger Druck	atü	7	7
Versuchszeit	min	124	281
Dampfmenge	kg	517	1137
Dampfdruck	atü	4,4	4,6
Speisewassertemperatur	°C	18	45
Kohlenmenge	kg	152	225
Heizwert (unterer)	kcal/kg	6344	6344
Rostbelastung } während }	kg	125	117
Heizflächenbelastung } Versuchszeit }	qm/std	25	24
Rohe Verdampfungszahl	kg/kg	3,40	5,05
Kesselwirkungsgrad	%	34,3	49
Abgasverlust *während Versuchszeit* (Siegert)	%	23,2	18,5

Kraftverbrauch.

Maschine mit Transmission	2,75	PS
Elektromotor mit Transmission	1,4	,,
Rahmreifer	0,15	,,
Speisepumpe	0,1	,,
Butterfaß	2,3	,,
Kneter	0,15	,,
Zentrifuge { Anlauf	1,5	,,
{ Betrieb	0,8	,,
Vorwärmer		
Magermilch-Pasteur	1,9	,,
Rahmpasteur		
Wasserpumpe	0,35	,,
Buttermilchpumpe	0,14	,,
Rührwerk-Annahmebehälter	0,1	,,

Zusammenstellung.

		Elektr. Betrieb	Dampfbetrieb
Vollmilchmenge	Liter	3463	3582
Anlieferungstemperatur	°C	23,8	20,4
Vorwärmungstemperatur	°C	48,7	49,7
Magermilchmenge	Liter	2944	3044
Erhitzungstemperatur	°C	77,8	77,3
Rahmmenge	Liter	519	538
Erhitzungstemperatur	°C	90,7	92,2
Warmwassermenge für Reinigung	kg	?	1365
Warmwassertemperatur	°C	?	66
Warmwassermenge für Speisung	kg, Temp. 45°	—	1137
Kaltwassertemperatur	°C	10	10
Gesamter Dampfverbrauch	kg	517	1137
Dampfwärme	kcal	335 000	736 000
(Wärmeinhalt abzüglich Kaltwassertemperatur)			
Gesamter Kohlenverbrauch	kg	152	225
Kohlenwärme	kcal	965 000	1 425 000
Stromverbrauch	kWh	12,5	—

— 8 —

	Elektr. Betrieb	Dampfbetrieb
Dampfverbrauch:		
Vorwärmer .... kg	172 ⎫	210 ⎫
Magermilchpasteur .... ,,	172 ⎬ 388	168 ⎬ 424
Rahmpasteur .... ,,	44 ⎭	46 ⎭
Reinigungswarmwasserbereitung ...... ,,	129	154
Speisungswarmwasserbereitung .... ,,	—	80
Dampfverlust .... ,,	—	479
%	—	42
Mechanischer Arbeitsverbrauch ......PS_istd	—	23,8
kWh	—	17,5

Molkerei B (September).

Neuzeitlich. Tägliche Milchmenge etwa 5400 l, während das Doppelte verarbeitet werden kann. Nur Buttererzeugung, Magermilch heiß zurück. Vor der Milchverarbeitung wird einmal mit Butterfertiger gebuttert. Nachmittags kein Betrieb. Hocherhitzung soweit wie möglich mit Abdampf. Kühlmaschine nicht vorhanden, jedoch vorgesehen. Kein Wärmeaustausch. Kondensatrückführung und Speisewasservorwärmer vorhanden. Dampfmaschine ganz neu, ebenso sämtliche Apparate und Maschinen. Warmwasserbereitung mit Abdampf (Schlange im Behälter). Da aber unsachgemäß ausgeführt, viel unnötiger Auspuffverlust und am frühen Morgen Warmwasserbereitung mit direktem Dampf notwendig. Räume ausreichend und leicht zu reinigen. Drei Versuchstage, zu einem zusammengezogen. Dampfverbrauchsversuch der Maschine gesondert am 4. Tage.

Kessel.

Heizfläche	30 qm
Rostfläche	0,9 qm
Zulässiger Druck	10 atü
Versuchszeit	262 min
Dampfmenge	1590 kg
Dampfdruck	7,83 atü
Speisewassertemperatur	90,2° C
Kohlenmenge	233 kg
Heizwert (unterer)	7491 kcal/kg
Rostbelastung	59,5 ⎫ kg
Heizflächenbelastung	12,1 ⎭ qm std
Rohe Verdampfungszahl	6,82 $\frac{\text{kg Dampf}}{\text{kg Kohle}}$
Kesselwirkungsgrad	52,5 %
Abgasverlust während Versuchszeit (Siegert)	20,5 %

Dampfmaschine.

Zylinderdurchmesser	20 cm
Hub	0,3 m
Drehzahl	200/min
Versuchszeit	360 min
Gesamter Dampfverbrauch	2422 kg
Betriebsdruck am Kessel	8,5 atü
Indiz. Leistung	25,8 PS_i
Effektive Leistung	20 PS_e
Spez. Dampfverbrauch pro PS_i std	15,6 kg/PS_istd
Spez. Dampfverbrauch pro PS_e std	18,3 kg/PS_estd

— 9 —

Mechanischer Wirkungsgrad 85,3%
Thermischer Wirkungsgrad:
  bezogen auf PS_i 6,08%
  bezogen auf PS_e 5,19%
Gütegrad (thermodynamischer Wirkungsgrad) 48,4%

Kraftverbrauch.

Dampfmaschine mit Haupttransmission	3,5 PS
Buttereitransmission	0,3 ,,
Zentrifugentransmission	0,9 ,,
Butterfertiger Butterung	8,8 ,,
Butterfertiger Kneten	1,1 ,,
Vorwärmer	0,8 ,,
Alfa-Separator	1,8 ,,
Westfalia-Separator	1,5 ,,
Rahmpasteur	0,7 ,,
Magermilchpasteur	2,5 ,,
Speisepumpe	0,6 ,,
Wasserpumpe	2,0 ,,

Zusammenstellung.

Vollmilchmenge	5400 Liter
Anlieferungstemperatur	21,7° C
Vorwärmungstemperatur	42,4° C
Magermilchmenge	4750 Liter
Erhitzungstemperatur	80,9° C
Rahmmenge	650 Liter
Erhitzungstemperatur	91,4° C
Warmwassermenge, gesamte	1983 kg
Warmwassermenge für Reinigung	1266 ,,
Warmwassermenge für Speisung	717 ,,
Kaltwassertemperatur	9,8° C
Warmwassertemperatur	59° C
Kondensatmenge	873 kg
Kondensattemperatur	67° C
Speisewassertemperatur	90,2° C
Gesamter Dampfverbrauch	1590 kg
Dampfwärme	1 040 000 kcal
Gesamter Kohlenverbrauch	233 kg
Kohlenwärme	1 745 000 kcal
Frischwasserverbrauch	12 250 kg
Stromverbrauch	0,7 kWh
Mechanischer Arbeitsverbrauch	46,5 PS_istd
	34,1 kWh

Dampfverteilung.

Gesamte Dampfmenge	1590 kg
hiervon durch Dampfmaschine	1044 ,,
direkt verwendet	546 ,,
Milchvorwärmung	224 ,,
Magermilcherhitzung	370 ,,
Rahmerhitzung	64 ,,

— 10 —

Warmwasserbereitung	194 kg
Reinigungswasser	124 „
Speisewasser	70 „
Speisewasservorwärmung	85 „
Warmwasser	45 „
Kondensat	40 „
Gesamte, zur Erhitzung nachgewiesene Dampfmenge	937 „
hiervon Abdampfanteil	612 „
Frischdampf und verwerteter Abdampf	1158 „
Verlust	432 „
Verlust von Gesamtdampf	27,2%
Verlust von Maschinendampf	41,3%

Molkerei C (Juli).

Neuzeitlich. Tägliche Milchmenge etwa 8000 l, der Molkereigröße fast entsprechend. Nur Buttererzeugung, Magermilch heiß zurück. Vor der Milchverarbeitung wird einmal mit Butterfertiger gebuttert. Nachmittags kein Betrieb. Hocherhitzung soweit wie möglich mit Abdampf. Kühlmaschine vorhanden, etwa 8000 kcal/std. Kein Wärmeaustausch. Kondensatrückführung und Speisewasservorwärmer vorhanden. Dampfmaschine, wie alle Apparate, fast neu und in gutem Zustand. Warmwasserbereitung mit Abdampf (Schlange im Behälter). Räume ausreichend und leicht zu reinigen.

Hauptversuch einer der ersten die ausgeführt wurden, wobei Warmwasser noch nicht erfaßt wurde. Nachversuch 1 Jahr später. Da bei beiden Versuchen die Milchmengen, Kohlen- und Dampfverbräuche ziemlich genau übereinstimmen, kann man mit genügender Genauigkeit die Werte beider Versuche zusammenziehen.

Dieser Betrieb mißt seit 3 Jahren täglich das Speisewasser und wiegt die verfeuerte Kohle ab. Die Ergebnisse dieser Messungen sind in Abb. 1 zusammengestellt.

Kessel.

Heizfläche	25 qm
Rostfläche	0,74 qm
Zulässiger Druck	8 atü
Versuchszeit	380 min
Dampfmenge	1900 kg
Dampfdruck etwa	6,0 atü
Speisewassertemperatur etwa	55° C
Kohlenmenge	338 kg
Heizwert (unterer)	6831 kcal/kg
Rostbelastung	12,0 | kg
Heizflächenbelastung	72,2 | qm std
Rohe Verdampfungszahl	5,62 kg/kg
Kesselwirkungsgrad etwa	50%
Abgasverlust während Versuchszeit (Siegert)	17,9%

Kraftverbrauch.

Maschine, ganz leer	2,0 PS
Kühlmaschine	6,0 „
Wasserpumpe	1,5 „
Butterfertiger, butternd	8,3 „
Butterfertiger, knetend	6,0 „
Transmission, leer	2,0 „
Entrahmungsmaschinen mit Transmission	6,5 „

Zusammenstellung.

		Hauptversuch	Nachversuch
Vollmilchmenge	Liter	8106	7975
Anlieferungstemperatur	°C	18,5	19,0
Vorwärmungstemperatur	°C	43,0	44,0
Magermilchmenge	Liter	7296	7177
Erhitzungstemperatur	°C	88	85
Rahmmenge	Liter	810	798
Erhitzungstemperatur	°C	92	93
Warmwassermenge, gesamte	kg	—	3125
Warmwassermenge für Reinigung	,,	—	1825
Warmwassermenge für Speisung	,,	—	1300
Kaltwassertemperatur	°C	10	10
Warmwassertemperatur	°C	—	70
Kondensatmenge	kg	—	785
Speisewassertemperatur	°C	—	80
Gesamter Dampfverbrauch	kg	1900	2085
Dampfwärme	kcal	1 240 000	1 360 000
Gesamter Kohlenverbrauch	kg	338	340
Gesamte Kohlenwärme	kcal	2 305 000	2 320 000

Dampfverteilung.

Gesamte Dampfmenge	2085 kg
Milchvorwärmung	400 ,,
Magermilcherhitzung	590 ,,
Rahmerhitzung	78 ,,
Warmwassererhitzung	380 ,,
Speisewasservorwärmung	40 ,,
Nachgewiesen	1488 ,,
Verlust	597 ,,
	28,6 %

Molkerei D (April).

Veraltet. Milchmenge etwa 3200 l, etwa ein Viertel dessen, was verarbeitet werden kann. Nur Buttererzeugung, Magermilch heiß zurück. Vor der Milchverarbeitung wird einmal mit Butterfertiger gebuttert. Nachmittags kein Betrieb. Hocherhitzung soweit wie möglich mit Abdampf. Kühlmaschine, Wärmeaustausch, Kondensatrückführung und Speisewasservorwärmer nicht vorhanden. Dampfmaschine alt, gut erhalten wie alle Apparate. Warmwasserbereitung mit Abdampf (Schlange im Behälter). Räume ausreichend und leicht zu reinigen. Der Versuch war der erste des Instituts, daher fehlen viele wichtige Messungen. Die Ergebnisse sind hier nur deshalb gebracht, weil der Betrieb nach seiner Erneuerung (also nicht in dem oben geschilderten Zustande) seit etwa 22 Monaten täglich das Speisewasser mißt und die verfeuerte Kohle abwiegt. Die sich aus diesen Messungen ergebenden Werte sind in Abb. 1 gebracht.

Kessel.

Heizfläche	30,1 qm
Rostfläche	0,825 qm
Zulässiger Druck	8 atü
Versuchszeit	260 min
Dampfmenge	1458 kg
Dampfdruck	6,34 atü

— 12 —

Speisewassertemperatur	31° C
Kohlenmenge	236,6 kg
Heizwert (unterer)	6783 kcal/kg
Rostbelastung	66,3 kg
Heizflächenbelastung	11,2 qm std
Rohe Verdampfungszahl	6,15 kg/kg
Kesselwirkungsgrad	57,2 %
Abgasverlust während der Versuchszeit (Siegert)	13 %

Kraftverbrauch.

Leerlauf, Maschine	6,3 PS
Transmission, Leerlauf	2 ,,
Entrahmungsbetrieb	7 ,,
Butterfertiger, butternd	5 ,,
Butterfertiger, knetend	2,5 ,,

Zusammenstellung.

Vollmilchmenge	3224 Liter
Anlieferungstemperatur	9,7° C
Vorwärmungstemperatur	47,5° C
Magermilchmenge	2836 Liter
Erhitzungstemperatur	76,5° C
Rahmmenge	388 Liter
Erhitzungstemperatur	93,8° C
Kaltwassertemperatur	10° C
Gesamter Dampfverbrauch	1458 kg
Dampfwärme	950 000 kcal
Gesamter Kohlenverbrauch	236,6 kg
Kohlenwärme	1 605 000 kcal
Dampfmenge für Milchvorwärmer	244 kg
Dampfmenge für Magermilcherhitzung	164 ,,
Dampfmenge für Rahmerhitzung	36 ,,

Molkerei E (September).

Ziemlich neuzeitlich. Milchmenge etwa 10000 l, fast normale Belastung. Buttererzeugung und Käserei (Tilsiter), ein Teil der Magermilch gekühlt zurück. Vor der Milchverarbeitung wird mehrmals gebuttert. Nachmittags kein Betrieb, außer Pumpen (Duplex). Hocherhitzung sämtlicher Milch soweit wie möglich mit Abdampf. Kühlmaschine, Speisewasservorwärmer vorhanden, kein Wärmeaustausch und keine Kondensatrückgewinnung. Dampfmaschine alt, starker Dampfverbrauch; außerdem Duplexpumpen. Sonstige Apparatur gut erhalten. Warmwasserbereitung mit Abdampf (Schlange im Behälter), aber zu geringe Heizfläche der Schlange. Räume sehr groß, leicht zu reinigen.

Der Versuch lief 3 Tage; die Werte sind zu einem Tag zusammengezogen. Es ergaben sich keine besonderen Schwierigkeiten, die durch den Betrieb selbst veranlaßt worden wären.

Kessel.

Heizfläche	50,7 qm
Rostfläche	1,5 qm
Zulässiger Druck	8 atü
Versuchszeit	274 min
Dampfmenge	5890 kg
Dampfdruck	6,3 atü

— 13 —

Speisewassertemperatur	75,5° C
Kohlenmenge	822 kg
Heizwert (unterer)	6948 kcal/kg
Rostbelastung ⎱ während ⎰	120 kg
Heizflächenbelastung ⎰ Versuchszeit ⎱	22,6 qm std
Rohe Verdampfungszahl	7,17 kg/kg
Kesselwirkungsgrad	60,6%
Abgasverlust während Versuchszeit etwa	23%

Dampfmaschine.

Diese verbrauchte bei einer mittleren Belastung von 32,15 PS_i und einem Kesseldruck von 7 atü
$$24,5 \text{ kg Dampf/PS}_i\text{std.}$$
Die effektive Leistung betrug ungefähr 27 PSe, so daß sich ein ungefähr Dampfverbrauch von 29,2 kg Dampf/PS_estd ergibt. Durch Versuch wurde festgestellt, daß bei Stillstand der Maschine 198 kg Dampf/std durch Undichtigkeiten in das Auspuffrohr gelangen, wenn das Frischdampfventil geöffnet war.

Kraftverbrauch.

Maschine mit Haupttransmission	8,0 PS
Buttereitransmission	0,3 ,,
1. Butterfertiger	4,0 ,,
2. Butterfertiger	3,0 ,,
Beide Milchvorwärmer je	0,7 ,,
Großer Erhitzer, voll	2,5 ,,
Großer Erhitzer, leer	1,7 ,,
Kleiner Erhitzer, voll	1,4 ,,
Kleiner Erhitzer, leer	0,9 ,,
Zentrifugen je	1,4 ,,
Kühlmaschine	14,7 ,,
Kondensatorpumpe	1,0 ,,
Milchpumpe	0,7 ,,
Refrigeratorrührwerk	0,2 ,,
Speisepumpe	0,5 ,,
Wasserpumpe	1,4 ,,

Zusammenstellung.

Gesamte Milchmenge	10 000 Liter
Anlieferungstemperatur	19,4° C
Vorwärmungstemperatur	38,7° C
Milch am großen Erhitzer	8770 Liter
Erhitzungstemperatur	81,7° C
Rahm am kleinen Erhitzer	1230 Liter
Erhitzungstemperatur	95,8° C
Käsereimilchmenge	3590 Liter
nachgewärmt von	20° C
auf	33° C
Warmwassermenge, gesamt	13 150 kg
hiervon Speisewasser	5690 kg
erhitzt von 12° auf	63,7° C
Reinigungswasser	7460 kg
erhitzt von 12° auf	58,7° C
Vorwärmung des Speisewassers auf	75,5° C

— 14 —

Mechanischer Arbeitsverbrauch . . . . $\begin{cases} 140{,}5 \text{ PS}_i\text{std} \\ 103{,}0 \text{ kWh} \end{cases}$

Höchste Belastung . . . . $\begin{cases} 41{,}5 \text{ PS}_i \\ 30{,}5 \text{ kW} \end{cases}$

Mittlere Belastung . . . . $\begin{cases} 31{,}0 \text{ PS}_i \\ 22{,}8 \text{ kW} \end{cases}$

Dampfverteilung.

Gesamte Dampfmenge . . . . 5890 kg
Dampfverbrauch früh . . . . 5220 „
   hiervon durch Maschine . . . . 3490 „
Direkt in den Betrieb früh . . . . 1730 „
                nachmittags . . . . 670 „
                gesamt . . . . 2400 „
Verbrauch:
1. Warmwasserbehälter
   a) für Speisewasser . . . . 588 „
   b) für Reinigungswasser . . . . 696 „
   c) gesamt . . . . 1284 „
2. Speisewasservorwärmer . . . . 134 „
3. Milchvorwärmer . . . . 386 „
4. Großer Erhitzer . . . . 755 „
5. Kleiner Erhitzer . . . . 141 „
6. Käsewannen . . . . 94 „
                                              2794 kg
Abdampfanteil hiervon:
   1., 2., 3. und zwei Drittel von 4. . . . . 2307 kg
Frischdampfanteil:
   ein Drittel von 4., 5. und 6. . . . . 487 „

Verwerteter Abdampf . . . . 2307 kg
Nachgewiesener Frischdampf . . . . 487 „
Nicht nachgewiesener Frischdampf . . . . 1913 „
Verlust . . . . 1183 „
   Verlust in Prozent, Abdampf . . . . 34,0 %
   Verlust in Prozent, Gesamtdampf . . . . 20,1 %

Molkerei F (Juni).

Neuzeitlich. Milchmenge etwa 10000 l, fast normale Belastung. Buttererzeugung, Käserei (Camembert und Harzer), etwas Verkaufsmilch, ein Teil der Magermilch gekühlt zurück. Vor der Milchverarbeitung wird einmal gebuttert. Nachmittags Betrieb, nur Kühlmaschine und Pumpen, da starker Wassermangel herrscht. Der recht große Auspuffverlust ist fast ausschließlich hierauf zurückzuführen. Dauererhitzung der gesamten Milch soweit wie möglich mit Abdampf, Rahm außerdem Hocherhitzung. Molken werden zur Ausfällung von Eiweiß mit direktem Dampf hochgekocht. Kühlmaschine, Kondensatrückgewinnung und Speisewasservorwärmer vorhanden, kein Wärmeaustausch. Dampfmaschine ziemlich neu, gut erhalten, desgleichen Kühlmaschine und Kessel, Milcherhitzung ganz neu. Warmwasserbereitung mit Vorwärmer und Bassin mit Schlange. Ein geringer Teil des Wassers gelangt direkt aus dem Kondensator in das Warmwasserbassin. Räume ausreichend, zum Teil reichlich groß, leicht zu reinigen.
Der Versuch lief 4 Tage, die Werte sind zu einem Tag zusammengezogen.

Es ergaben sich keine besonderen Schwierigkeiten, die durch den Betrieb selbst veranlaßt worden wären.

Kessel.

Heizfläche	25 qm
Rostfläche	0,87 qm
Zulässiger Druck	7 atü
Versuchszeit	443 min
Dampfmenge	3480 kg
Dampfdruck	6,42 atü
Speisewassertemperatur	58,4°
Kohlenmenge	519 kg
Heizwert (unterer)	7050 kcal/kg
Rostbelastung	80,9 kg
Heizflächenbelastung	18,8 qm std
Rohe Verdampfungszahl	6,71 kg/kg
Kesselwirkungsgrad	57,6 %
Abgasverlust während Versuchszeit (Siegert)	20,0 %

Kraftverbrauch.

Maschine, leer	1,5 PS
Transmission, Maschinenraum	2,0 ,,
Transmission, Zentrifugenraum	2,2 ,,
Butterfertiger	5,3 ,,
Kühlmaschine	10,3 ,,
Verarbeitung mit 2 Zentrifugen	5,6 ,,
Wasserpumpe	1,5 ,,
Speisepumpe	1,0 ,,

Das Kondensat wurde zu 29,9 % zurückgewonnen.

Zusammenstellung.

Gesamte Milchmenge	10 552 Liter
Anlieferungstemperatur	18,6° C
Erhitzungstemperatur	62,4° C
Rahmmenge	1015 Liter
Erhitzungstemperatur	82,3° C
Molkenmenge	3210 Liter
erhitzt von	33,8° C
auf	90,3° C
Quargmilchmenge	3050 Liter
Nachwärmung um	8° C
Gesamte Warmwassermenge	8370 kg
Hiervon durch Vorwärmer	7130 ,,
Erhitzt von	13,5° C
Im Vorwärmer auf	56,4° C
Speisewassermenge[1]	3980 kg
erhitzt von	49,6° C
auf	58,4° C
Warmwasser für Reinigung	5580 kg
Warmwasser für Speisung	2790 ,,
Gesamte Kaltwassermenge	44 500 ,,

[1] Infolge Leckage von 500 kg/Tag höher als Dampfmenge.

— 16 —

Gesamte Kohlenwärme	3 660 000 kcal
Gesamte Dampfwärme	2 260 000 „
Mechanischer Arbeitsverbrauch	$\begin{cases} 150\ PS_i std \\ 110\ kWh \end{cases}$
Höchste Belastung	$\begin{cases} 29{,}4\ PS_i \\ 21{,}6\ kW \end{cases}$
Mittlere Belastung	$\begin{cases} 19{,}8\ PS_i \\ 14{,}5\ kW \end{cases}$

Dampfverteilung.

Gesamte Dampfmenge	3480 kg
Hiervon Nachmittagsverbrauch	1120 „
Milcherhitzung	925 „
Rahmerhitzung	40 „
Molkenerhitzung	362 „
Quargmilch	50 „
Warmwassererhitzung, Vorwärmer	612 „
Warmwassererhitzung, Bassin	185 „
Speisewasservorwärmung	70 „
Nachgewiesener Dampf	2244 „
Nicht nachgewiesen	146 „
Verlust, absolut	1090 „
Verlust vom Gesamtdampf	31,4 %

Molkerei G (Oktober).

Neuzeitlich. Milchmenge etwa 3500 l, etwa mittlere Belastung. Für Buttererzeugung eingerichtet, jedoch bleibt für Entrahmung so wenig Milch übrig, daß nur jeden 2. oder 3. Tag vor der Milchverarbeitung gebuttert wird. Die Hauptmilchmenge geht zur Stadt, und zwar wird von der Gesamtmilch etwa ein Viertel nur gereinigt und gekühlt, ein Drittel gereinigt, hoch erhitzt und gekühlt. Entrahmungsmilch wird hoch erhitzt, soweit wie möglich mit Abdampf. Schlagrahmversand. Kühlmaschine vorhanden, kein Wärmeaustausch, keine Kondensatrückführung, kein Speisewasservorwärmer. Dampfmaschine neu, Dieselmotor (kompressorlos) neu, ebenso die gesamte Einrichtung. Warmwasserbereitung bei Dampfbetrieb mit Abdampf (Schlange im Behälter), bei Dieselbetrieb Auffangen des Kühlwassers im Behälter, Verwendung als Warmwasser, Nachwärmung (wenig) durch direktes Einleiten von Dampf. Räume ausreichend, leicht zu reinigen.
4 Versuchstage, und zwar:

1. Tag: Dieselbetrieb ohne Buttern,
2. Tag: „ mit „
3. Tag: Dampfbetrieb ohne „
4. Tag: „ mit „

Die Tage, an denen nicht gebuttert wurde, haben für den Versuch wenig Wert, daher sind die Ergebnisse bei den relativen Zahlen nicht berücksichtigt. Auch sonst lassen sich wegen der Nichterhitzung eines Teiles der Milch die gefundenen Zahlen schlecht zum Vergleich verwenden.

Kessel.

Heizfläche	18 qm
Rostfläche	0,56 qm
Zulässiger Druck	8 atü

— 17 —

		1. Tag	2. Tag	3. Tag	4. Tag
Feuerungszeit	min	224	228	241	262
Dampfverbrauchszeit	,,	144	88	241	262
Dampfmenge	kg	552	575	1520	1555
Dampfdruck	atü	3,64	3,97	5,47	6,55
Speisewassertemperatur	° C	48,8	42,5	35,0	54,5
Kohlenmenge	kg	126	127	297	262
Heizwert (unterer)	kcal/kg	6086	6086	6086	6086
Rostbelastung	{ kg	60,1	59,9	132	107,5
Heizflächenbelastung	qm std	12,8	21,7	21,0	19,8
Rohe Verdampfungszahl	kg/kg	4,38	4,51	5,12	5,93
Kesselwirkungsgrad	%	43,8	45,6	52,6	59,3
Abgasverlust (Siegert)	%	—	—	21,5	20,8

Dampfmaschine.

		3. Tag	4. Tag
Dampfverbrauch	kg	1430	1458
Indiz. Arbeit	PS$_i$std	—	97
Betriebszeit	min	241	262
Dampfdruck	atü	5,47	6,55
Mittlerer Dampfverbrauch pro PS$_i$std	kg/PS$_i$std	—	15,0

Dieselmotor.

		1. Tag	2. Tag
Ölverbrauch	g	12 000	14 100
Effektive Arbeit	PS$_e$std	—	62,5
Betriebszeit	min	195	247
Ölverbrauch pro PS$_e$std	g/PS$_e$std	—	226
Kühlwasserverbrauch	kg	904	1183
Stündlicher Kühlwasserverbrauch	kg/std	278	288
Kühlwassertemperatur	° C	53,7	54,3

Kraftbedarf.

Maschine, leer	6,8 PS
Maschinenhaustransmission mit Rührer	3,0 ,,
Wasserpumpe	2,5 ,,
Zentrifugentransmission	0,3 ,,
Zentrifuge	2,0 ,,
Speisepumpe	2,5 ,,
Rahmpasteur	1,0 ,,
Kühlmaschine	5,0 ,,
Apparate	5,0 ,,
Kneten	1,0 ,,
Buttern	5,5 ,,

Zusammenstellung.

		1. Tag	2. Tag	3. Tag	4. Tag
Gesamte verarbeitete Milch	Liter	3571	3404	3681	3886
Hiervon nur gekühlt	,,	800	800	800	800
Gesamte erhitzte Milch	,,	2771	2604	2881	3086
Hiervon Vollmilch	,,	1120	1095	1200	1070
Mithin Entrahmung	,,	1651	1509	1681	2016
Erhitzte Magermilch	,,	1406	1309	1183	1798
Erhitzter Rahm	,,	200	115	125	130
Anlieferungstemperatur	° C	12,9	13,8	14,2	15,0
Vorwärmungstemperatur	° C	44,7	43,8	44,0	43,0

		1. Tag	2. Tag	3. Tag	4. Tag
Erhitzungstemperatur im Milchpasteur	°C	78,8	78,2	80,7	83,3
Erhitzungstemperatur im Rahmpasteur	°C	82,3	81,8	84,0	74,5
Gesamter Warmwasserverbrauch	kg	1013	1085	2114	2124
hiervon für Reinigung	,,	600	445	699	599
hiervon für Speisung	,,	413	640	1415	1525
Mechanischer Arbeitsverbrauch	PS_i std	—	83	—	97
	kWh	—	61	—	71
Höchste Belastung	PS_i	—	25,4	—	27,6
	kW	—	18,7	—	20,3
Mittlere Belastung	PS_i	—	20,2	—	22,3
	kW	—	14,8	—	16,4

Dampfverteilung.

		1. Tag	2. Tag	3. Tag	4. Tag
Gesamte Dampfmenge	kg	552	575	1520	1555
Hiervon durch Maschine	,,	—	—	1430	1458
Milchvorwärmer	,,	176	156	172	172
Milcherhitzer	,,	172	165	188	230
Rahmerhitzer	,,	18	15	16	14
Warmwasser	,,	—	—	106	191
Nicht nachgewiesen	,,	186	239	90	97
Verlust	,,	—	—	948	851

Molkerei H (Oktober).

Vollkommen veraltet. Tägliche Milchmenge etwa 6000 l, der Molkereigröße fast entsprechend. Buttererzeugung und Milchversand. Ein Teil der Magermilch gekühlt zurück. Vor der Milchverarbeitung wird einmal mit Butterfertiger gebuttert. Nachmittags kein Betrieb. Hocherhitzung der Magermilch (mit Abdampf) und des Rahms, Dauererhitzung der Versandmilch (unzureichend durchgeführt). Bei Hocherhitzung Wärmeaustausch. Keine Kühlmaschine, keine Kondensatrückgewinnung, kein Speisewasservorwärmer. Dampfmaschine, wie alle Apparate, alt und in schlechtem Zustand. Teilweise zu enge Dampfleitungen. Warmwasserbereitung mit Abdampf (Schlange im Behälter). Räume zu eng und sehr schlecht zu reinigen.

Versuch 3 Tage, hiervon 1 nur mit Dampfmaschine durchgeführt, während an den beiden anderen, zu einem Tag zusammengezogenen, elektrisch gebuttert und mit Dampfmaschinenbetrieb entrahmt wurde. Die verhältnismäßig niedrigen Verbrauchszahlen beruhen nicht nur auf der Verwendung eines Wärmeaustauschers, sondern auch auf dem geringen Kraftbedarf und der unzulänglichen Milcherhitzung. Aus diesem Grunde und wegen der häufigen Betriebsstörungen, denen ein so verkommener Betrieb ausgesetzt ist, haben die Zahlen nur beschränkten Vergleichswert.

Kessel.

		Dampf	Elektr.
Heizfläche	qm	14,75	14,75
Rostfläche	,,	0,507	0,507
Zulässiger Druck	atü	5	5
Versuchszeit	min	246	170
Dampfmenge	kg	1510	1191
Dampfdruck	atü	4,0	3,62
Speisewassertemperatur	°C	57	50
Kohlenmenge	kg	262,5	218

— 19 —

		Dampf	Elektr.
Heizwert (unterer)		kcal/kg 7456	
Rostbelastung	kg	126	152
Heizflächenbelastung	qm std	25,0	28,6
Rohe Verdampfungszahl	kg/kg	5,75	5,48
Kesselwirkungsgrad	%	46,4	44,5
Abgasverlust (Siegert)		nicht gemessen	

Dampfmaschine (nach Dampfmesser).

Zylinderdurchmesser . . . . 20,3 cm
Hub . . . . 0,415 m
Drehzahl etwa 98/min
Bei Kesseldruck 3,8 atü und 9,0 PS_i . . . . . . 30,0 kg/PS_istd
„   „   3,7 „   „ 8,8 „ . . . . . . 27,0 „
„   „   3,7 „   „ 8,0 „ . . . . . . 27,5 „

Für den 2. Tag 700 kg für 23 PS_istd, mittlere Belastung 8,2 PS_i, mittleren Druck 3,42 atü mit 30,4 kg/PS_istd.
Für den 3. Tag 920 kg für 29 PS_istd, mittlere Belastung 7 PS_i, mittleren Druck 4,0 atü mit 31,7 kg/PS_istd.

Kraftverbrauch.

Maschine mit Transmission . . . . 1,9 PS
Buttereitransmission . . . . 0,5 „
Butterfertiger, butternd . . . . 4,0 „
Butterfertiger, knetend . . . . 2,0 „
Wasserpumpe 1 . . . . 0,2 „
„   2 . . . . 0,5 „
„   3 . . . . 0,2 „
Entrahmungsgruppe . . . . 4,5 „
Frischmilchgruppe . . . . 1,0 „
Speisepumpe . . . . 1,5 „
Motor mit Transmission . . . . 1,7 „

Zusammenstellung.

		Dampf	Elektr.
Gesamte Milchmenge	Liter	5915	5796
Vollmilch zur Entrahmung	Liter	4355	4284
Im Austauscher erwärmt von	°C	15,1	14,1
auf	°C	37,3	36,2
Magermilchmenge	Liter	3915	3859
erhitzt von	°C	37,3	36,2
auf	°C	76,3	71,8
Rahmmenge	Liter	440	425
erhitzt von	°C	37,3	36,2
auf	°C	74,0	76,1
Versandmilchmenge	Liter	1560	1512
erhitzt von	°C	24,1	23,5
auf	°C	50,0	48,7
Kohlenmenge	kg	262,5	218
Gesamte Kohlenwärme	1000 kcal	1960	1625
Dampfmenge	kg	1510	1191
Gesamte Dampfwärme	1000 kcal	980	772
Stromverbrauch	kWh	—	2,7
Gesamte Warmwassermenge	kg	3010	2652

		Dampf	Elektr.
Erhitzt von 10° auf	° C	53,5	41,2
Reinigungswarmwasser	kg	1500	1461
Warmwasser für Speisung	,,	1510	1191
Mechanischer Arbeitsverbrauch	{ PS_i std	28,8	27,7
	kWh	21,2	20,4
Höchstbelastung		{ PS_i 10,3	
		kW 7,6	
Mittlere Belastung		{ PS_i 7,1	
		kW 5,2	

Dampfverteilung.

		Dampf	Elektr.
Gesamte Dampfmenge	kg	1510	1191
Maschinendampf	,,	920	677
Direkter Dampf	,,	590	514
Magermilcherhitzung	,,	305	275
Rahmerhitzung	,,	32	34
Versandmilcherhitzung	,,	81	76
Warmwassererhitzung	,,	262	165
Warmwasserbereitung, Undichtigkeiten, Dauerwanne usw.	,,	477	404
Auspuffverlust	,,	353	237

Molkerei J (November).

Neuzeitlich. Tägliche Milchmenge etwa 11000 l, rund ein Drittel dessen, was verarbeitet werden könnte. Buttererzeugung und Milchversand; letzterer auch von 2200 l nur gekühlter Milch. Abgesehen von dieser wird sämtliche Milch hoch erhitzt; soweit wie möglich, mit Abdampf, die Versandmilch unter Verwendung eines Wärmeaustauschers. Die Höhe der Erhitzung ist ganz unzureichend. Vor der Milchverarbeitung wird einmal gebuttert. Entrahmung und Versandmilcherhitzung laufen gleichzeitig. Kühlmaschine, Wärmeaustausch (teilweise, wie schon erwähnt) und Speisewasservorwärmer vorhanden. Keine Kondensatrückführung. Dampfmaschine fast neu, erheblicher Dampfverbrauch; außerdem 3 Duplexpumpen. Warmwasserbereitung sehr gut, mit aufrechtstehendem alten Dampfkessel, der leider unisoliert war und starke Wärmeverluste hatte. Räume reichlich groß, leicht zu reinigen.

Drei Versuchstage, die zu einem zusammengezogen wurden.

Wegen der unzureichenden Erhitzung und der Nichterhitzung eines Teils der Milch ergeben sich, trotz der guten Möglichkeit der Abdampfverwertung, keine guten Vergleichswerte.

Kessel.

Heizfläche	80,56 qm
Rostfläche	2,4 ,,
Zulässiger Druck	10 atü
Feuerungszeit	342 min
Dampfverbrauchszeit vormittags	279 ,,
Dampfmenge gesamt	6000 kg
Dampfmenge vormittags	5150 ,,
Dampfdruck	8,25 atü
Speisewassertemperatur	86,5° C
Kohlenmenge	920 kg
Heizwert (unterer)	7574 kcal/kg

— 21 —

Rostbelastung	67,3	kg
Heizflächenbelastung vormittags	13,7	qm std
Rohe Verdampfungszahl	6,53	kg/kg
Kesselwirkungsgrad	49,9 %	

Dampfmaschine.

		2. Tag	4. Tag
Dampfverbrauch	kg	3520	3010
Indiz. Arbeit	PS_i std	164	144
Kesseldruck	atü	8,03	8,53
Mittlerer Dampfverbrauch pro PS_i std	kg/PS_i std	21,4	20,9

Kraftverbrauch.

Maschine und Transmission	11,0	PS
Zentrifugentransmission	1,0	,,
Dynamo	4,0	,,
Butterfertiger, butternd	11,0	,,
Butterfertiger, knetend	3,6	,,
Eismaschine	11,6	,,
Zentrifuge	2,6	,,
Entrahmungsgruppe	5,6	,,
Vollmilchgruppe	4,0	,,
Rahmreifer	0,3	,,
Wasserpumpe	0,6	,,

Zusammenstellung.

Gesamte verarbeitete Milch	Liter	11 750
Hiervon erhitzt bzw. entrahmt	,,	9 550
also nur gekühlt	,,	2 200
erhitzte Magermilch	,,	2 350
erhitzte Vollmilch	,,	3 900
erhitzter Rahm	,,	567
Anlieferungstemperatur, Vollmilch	° C	17,5
Vorwärmungstemperatur, Vollmilch	° C	36,7
Erhitzungstemperatur, Magermilch	° C	48,2
Vollmilch	° C	65,3
Magermilch	° C	51,0
Rahm	° C	77,7
Kohlenmenge	kg	920
Dampfmenge	,,	6 000
Dampfmenge nach Abzug der Heizung	,,	4 330
Maschinendampfmenge	,,	3 420
Maschinenbetriebszeit	min	279
Kohlenmenge nach Abzug der Heizung	kg	4 330
Kohlenwärme nach Abzug der Heizung	1000 kcal	5 015
Dampfwärme nach Abzug der Heizung	1000 kcal	2 930
Gesamter Warmwasserverbrauch	kg	10 750
und zwar Reinigung	,,	4 930
und zwar Speisung	,,	5 820
Warmwassertemperatur	° C	76
Speisewassertemperatur:		
vor Vorwärmer	° C	75,0
hinter Vorwärmer	° C	86,5

— 22 —

Mechanischer Arbeitsverbrauch	PS₁std	162
	kWh	119
Höchste Belastung	PS₁	53
	kW	39
Mittlere Belastung	PS₁	35,1
	kW	25,8

Dampfverteilung.

Gesamtdampf ohne Heizung	4330	kg
und zwar: Maschine	3420	„
direkt	910	„
Vollmilcherhitzung	222	„
Entrahmungsvorwärmung	376	„
Magermilcherhitzung	13!	„
Rahmerhitzung	33	„
Warmwassererhitzung	1266	„
Deckung der Abkühlung im Warmwasserbassin (unisoliert)	450	„
Speisewasservorwärmung	134	„
Duplexpumpen	426	„
Speisepumpe	147	„
Sonstiger direkter Verbrauch	304	„
Gesamter nachgewiesener Verbrauch (hiervon 450 kg für Wärmeverluste)	3371	„
Sonstige Verluste	959	„

Molkerei K (Juli).

Ziemlich neuzeitlich. Tägliche Milchmenge etwa 12000 l, normal belastet. Buttererzeugung, etwas Milchverkauf. Rückgabe gekühlter Magermilch. Vor der Milchverarbeitung wird einmal gebuttert. Nachmittags Kühlbetrieb. Hocherhitzung der Entrahmungsmilch fast nur mit Abdampf, während eines Teiles der Verarbeitungszeit Dauererhitzung der Verkaufsmilch. Kühlmaschine, Wärmeaustauscher in der Entrahmungsgruppe vorhanden, kein Speisewasservorwärmer, keine Kondensatrückführung. Dampfmaschine ziemlich neu und gut erhalten (wie alle Apparate) bekommt überhitzten Dampf. Warmwasserbereitung hauptsächlich durch Vorwärmer und Schlange im Behälter, zum Teil direkte Zuführung von Kühlwasser zum Behälter. Letzterer in schlechtem Zustand. Eigene Licht- und Kraftversorgung. Räume etwas beengt, nicht leicht zu reinigen. Die 2 Hauptversuchstage sind zu einem Tag zusammengezogen. Beeinträchtigung der Versuche durch Betriebsstörungen sind nicht eingetreten.

Kessel.

Heizfläche	45 qm
Rostfläche	1 „
Zulässiger Druck	8 atü
Feuerungszeit	461 min
Haupt-Dampfverbrauchszeit	461 „
Dampfmenge	3480 kg
Dampfdruck	6,57 atü
Speisewassertemperatur	56,5° C
Kohlenmenge	665 kg
Heizwert (unterer)	5879 kcal/kg
Rostbelastung	86,5 kg
Heizflächenbelastung	10,0 qm std

Rohe Verdampfungszahl . . . . 5,24 kg/kg
Kesselwirkungsgrad 54%
Abgasverlust (Siegert) 29,4%

Kraftverbrauch.

Dampfmaschine, leer	4,0 PS
Maschinentransmission	1,0 ,,
Große Wasserpumpe	0,75 ,,
Kleine Wasserpumpe	0,75 ,,
Speisepumpe	0,5 ,,
Kühlmaschine mit Zubehör	7,5 ,,
Verarbeitungstransmission	2,0 ,,
Entrahmungsgruppe	11,5 ,,
Frischmilchgruppe	1,5 ,,
Dynamomaschine	6,75 ,,
Butterfertiger, butternd	5,75 ,,
Butterfertiger, knetend	1,0 ,,

Zusammenstellung.

Gesamte angelieferte Milch	Liter	12 035
Hiervon entrahmt	,,	10 682
vorgewärmt von	°C	23,0
durch Austauscher auf	°C	43,7
Magermilch	Liter	9 425
erhitzt von	°C	43,7
auf	°C	84,1
Im Austauscher gekühlt auf	°C	54,0
Rahm	Liter	1 257
erhitzt von	°C	43,7
auf	°C	83,7
Stadtverkaufsmilch	Liter	1 161
erhitzt von	°C	24
auf	°C	64,5
Warmwasser durch Vorwärmer	kg	9 721
erhitzt von	°C	10,2
auf	°C	58,6
Warmwasser aus Magermilchkühler	{ kg	1 655
	°C	29,5
Gesamtes Warmwasser	kg	11 376
Mittlere Einlauftemperatur, Bassin	°C	54,3
Im Bassin nacherhitzt auf	°C	63,5
Zur Speisung verwendetes Warmwasser	kg	3 470
Reinigungswarmwasser	,,	7 906
Gesamte Kohlenwärme	1000 kcal	3 910
Gesamte Dampfwärme	1000 kcal	2 270
Mechanischer Arbeitsverbrauch	{ PS_istd	166
	kWh	122
Höchste Belastung	{ PS_i	29,5
	kW	21,7
Mittlere Belastung	{ PSi	22,2
	kW	16,3

— 24 —

Wärmeaustauscher.

Auslauftemperatur, Vollmilch	°C	43,7
Auslauftemperatur, Magermilch	°C	54,0
Mit Magermilch zugeführte Wärme	1000 kcal	278
Mit Vollmilch abgeführte Wärme	1000 kcal	210
Wirkungsgrad	%	75,5
Dampfersparnis etwa	kg	420

Dampfverteilung.

Gesamte Dampfmenge	3480	kg
Nachtverlust der Undichtigkeiten	155	„
Magermilcherhitzung	760	„
Rahmerhitzung	104	„
Stadtmilcherhitzung	94	„
Warmwasser-Abdampfvorwärmer	940	„
Warmwasserbassin	209	„
Wasserbad, Dauerwanne etwa	30	„
Nachgewiesener Dampf	2292	„
Nicht nachgewiesen (direkte Warmwasserbereitung, Rahmanwärmung, Verluste)	{ 1188 kg { 34,2 %	

Molkerei L (Oktober).

Älterer Betrieb. Tägliche Milchmenge rund 5600 l, etwa die Hälfte dessen, was verarbeitet werden kann. Hauptsächlich Verkaufsmilch, wenig Butterei, letztere vor der Milchverarbeitung erledigt. Nur Hocherhitzung, soweit wie möglich, mit Abdampf. Kühlmaschine, Speisewasservorwärmer und Wärmeaustausch für Verkaufsmilch und Entrahmung vorhanden, ebenso Kondensatrückführung. Antrieb durch Dampfmaschine oder durch Elektromotor. Warmwasserbereitung durch Abdampf (Schlange im Behälter), nicht gut. Räume ausreichend, Reinigung nicht schwierig.

Der Versuch ist einer der ältesten, daher wurde noch nicht viel erfaßt, vor allen Dingen fehlt die Warmwasserbereitung. Da die absoluten Verbrauchszahlen stimmen und sowohl mit Dampfmaschinen, wie mit Elektromotor gearbeitet wurde, ergeben sich gute Vergleichswerte. Es muß nur die schlechte Kesselarbeit bei elektrischem Betriebe mit berücksichtigt werden. Allerdings ließe sich auch der Dampfbetrieb erheblich wirtschaftlicher gestalten.

Kessel.

Heizfläche	25,02	qm
Rostfläche	0,93	„
Zulässiger Druck	7	atü

		Dampf	Elektr.
Versuchszeit	min	273	264
Dampfmenge	kg	1260	406
Dampfdruck	atü	5,92	5,26
Speisewassertemperatur	°C	37,5	11
Kohlenmenge	kg	226	120
Heizwert (unterer)	kcal/kg	7479	7479
Rostbelastung	kg	53,5	29,4
Heizflächenbelastung	qm std	11,05	3,7
Rohe Verdampfungszahl	kg/kg	5,58	3,39
Kesselwirkungsgrad	%	46,6	29,4
Abgasverlust (Siegert)	%	30,2	—

Kraftverbrauch.

Motor, leer	2,2	PS
Transmission	2,3	,,
Kühlmaschine	9,0	,,
Butterfässer	2,0	,,
Vollmilchgruppe	4,0	,,
Entrahmungsgruppe	6,0	,,
Speisepumpe	0,5	,,
Zentrifuge	1,2	,,
Wasserpumpe, groß	0,9	,,
Wasserpumpe, klein	0,3	,,
Kneter	0,2	,,

Zusammenstellung.

		Dampf	Elektr.
Gesamte verarbeitete Milch	Liter	5642	5627
Entrahmte Milch	,,	1992	1711
Magermilch	,,	1753	1506
erhitzt mit Dampf von	° C	40,5	48,0
auf	° C	86,1	86,0
Rahm	Liter	239	205
erhitzt mit Dampf von	° C	40,5	48,0
auf	° C	85,0	90,0
Vollmilch	Liter	3650	3916
erhitzt mit Dampf von	° C	40,8	43
auf	° C	71,0	68
Gesamte Kohlenwärme	1000 kcal	1690	898
Gesamte Dampfwärme	1000 kcal	821	264
Stromverbrauch	kWh	—	40

Dampfverteilung (elektrischer Versuch).

Gesamt gebraucht	406	kg
Magermilcherhitzung	114	,,
Vollmilcherhitzung	196	,,
Sonstiger Verbrauch	96	,,

Preisgleichheit, wenn 50 kg Kohlen frei Molkerei 1,50 RM. kosten bei 7,9 Pfg/kWh.

Molkerei M (Februar).

Ziemlich neuzeitlich. Milchmenge etwa 3000 l je Tag, rund ein Drittel dessen, was verarbeitet werden kann. Buttererzeugung aus eigener Entrahmung und angeliefertem Rahm, etwas Käserei, hauptsächlich Vollmilch für Stadtverkauf. Vor der Milchverarbeitung wird einmal gebuttert. Nachmittags kein Betrieb. Sämtliche Milch wird dauererhitzt, soweit wie möglich, mit Abdampf, der Rahm außerdem hocherhitzt. In der Entrahmungsgruppe wird hierbei ein Wärmeaustauscher verwendet, der mit heißem Wasser beheizt wird. Kühlmaschine vorhanden, dagegen keine Kondensatrückführung und kein Speisewasservorwärmer, kein Wärmeaustausch. Dampfmaschine ziemlich neu, gut erhalten. Zustand der Maschinen und Apparate gut. Warmwasserbereitung mit Abdampf (Schlange im Behälter), nicht genügend Heizfläche. Räume ausreichend, leicht zu reinigen.
Versuch bei Dampfbetrieb (der Elektromotor erwies sich als zu klein, um den Betrieb anzutreiben) 3 Tage, welche zu einem einzigen zusammengezogen wurden. Besondere Schwierigkeiten ergaben sich nicht.

Kessel.

Heizfläche	21,1 qm
Rostfläche	0,63 qm
Zulässiger Druck	7 atü
Versuchszeit	287 min
Dampfmenge	1620 kg
Dampfdruck	6,24 atü
Speisewassertemperatur	55° C
Kohlenmenge	279 kg
Heizwert (unterer)	7115 kcal/kg
Rostbelastung	75,0 kg
Heizflächenbelastung	16,0 qm std
Rohe Verdampfungszahl	5,8 kg/kg
Kesselwirkungsgrad	49,6%
Kesselwirkungsgrad während Betriebszeit	61,3%
Abgasverlust (Siegert)	23,8%

Dampfmaschine.

Zylinderdurchmesser	24 cm
Hub	0,37 m
Drehzahl etwa	166/min
Versuchszeit	420 min
Gesamter Dampfverbrauch	3040 kg
Betriebsdruck a. Kessel	6,71 atü
Indiz. Leistung	26,75 PS_i
Effektive Leistung	22,9 PS_e
Spez. Dampfverbrauch pro PS_ist	16,2 kg
Spez. Dampfverbrauch pro PS_est	18,9 „
Mechanischer Wirkungsgrad	85,7%
Thermischer Wirkungsgrad:	
bezogen auf PS_i	5,88%
bezogen auf PS_e	5,05%
Gütegrad (thermodynamischer Wirkungsgrad)	61,9%

Kraftverbrauch.

Maschine mit Transmission	6,5 PS
Verarbeitungstransmission	1,0 „
Buttereitransmission	0,5 „
Wasserpumpe	0,5 „
Kühlmaschine	6,0 „
Speisepumpe	0,5 „
Reifer	0,5 „
Butterfertiger, butternd	5,0 „
Butterfertiger, knetend	1,5 „
Reinigungszentrifuge und Austauscher	1,0 „
Entrahmung ohne Erhitzer	2,5 „
Erhitzer	0,8 „
Dauerwanne	0,2 „

Zusammenstellung.

Gesamte Milch und Lieferrahm	Liter	3040
Entrahmungsmilch	„	1340
vorgewärmt von	° C	13,2
auf	° C	35,6

Magermilch	Liter	1138
erhitzt von	°C	35,6
auf	°C	66,2
Rahm	Liter	515
erhitzt von	°C	24,4
auf	°C	80,5
Vollmilch	Liter	1387
erhitzt von	°C	15,1
auf	°C	65,2
Kohlenmenge	kg	279
Gesamte Kohlenwärme	1000 kcal	1980
Dampfmenge	kg	1620
Gesamte Dampfwärme	1000 kcal	1057
Gesamte Warmwassermenge	kg	5050
Reinigungswarmwasser	,,	3430
Speisewasser	,,	1620
Kaltwassertemperatur	°C	10,4
Warmwassertemperatur	°C	66,7
Mechanischer Arbeitsverbrauch	PS$_i$std	71,5
	kWh	52,5
Höchstbelastung	PS$_i$	23,0
	kW	17,0
Mittlere Belastung	PS$_i$	16,3
	kW	12,0

Dampfverteilung.

Gesamter Dampfverbrauch	1620	kg
Hiervon durch die Maschine	1165	,,
Vorwärmung, Entrahmungsmilch	60	,,
Magermilcherhitzung	70	,,
Rahmerhitzung	58	,,
Vollmilcherhitzung	139	,,
Warmwasserbereitung	570	,,
Dauerwanne, Heißhaltung	30	,,
Nicht nachgewiesen (direkter Verbrauch und Verluste)	693	,,

Molkerei N (Juni).

Ziemlich neuzeitlich. Tägliche Milchmenge etwa 6500 l, fast voll belastet. Butterei und Käserei sehr wenig, fast ausschließlich Flaschenmilch, ziemlich viel Joghurt. Pasteurisierung von früh bis beinahe mittags, soweit möglich mit Abdampf. Dann Entrahmung der nicht verkauften und übriggebliebenen Milch. Nachmittags kein Betrieb. Abgesehen von Entrahmung (Regenerativerhitzer) nur Dauererhitzung. Kühlmaschine, Kondensatrückführung, Speisewasservorwärmung vorhanden, wenig Wärmeaustausch. Flaschen- und Kannenwäsche in der Molkerei. Zwei Dampfmaschinen, Betriebsmaschine alt, gut erhalten, Reservemaschine neu und schlecht. Sonstige Maschinen und Apparate gut erhalten, Leitungen usw. sehr gut. Warmwasserbehälter 2 Stück übereinander, Schlange nur im unteren, nur Abdampf. Zum Warmwasser wird fast nur Kühlwasser verwendet. Verfeuert wurden Braunkohlenbriketts.

Räume ausreichend, nicht leicht zu reinigen.

Versuch 3 Tage, die zu einem zusammengezogen sind. Keine besonderen **Schwierigkeiten.**

Kessel.

Heizfläche	34,54 qm
Rostfläche	0,88 „
Zulässiger Druck	8 atü
Versuchszeit	387 min
Dampfmenge	4630 kg
Dampfdruck	6,13 atü
Speisewassertemperatur	85,3° C
Kohlenmenge	870 kg
Heizwert (unterer)	4749 kcal/kg
Rostbelastung	153 kg
Heizflächenbelastung	20,8 qm std
Rohe Verdamptungszahl	5,32 kg/kg
Kesselwirkungsgrad	64,8%
Abgasverlust (Siegert)	16,6%

Dampfmaschine.

Zylinderdurchmesser	28 cm
Hub	0,4 m
Drehzahl	126,5/min
Versuchszeit	178 min
Gesamter Dampfverbrauch	1488 kg
Betriebsdruck am Kessel	7,5 atü
Indizierte Leistung	32,6 PS_i
Spez. Dampfverbrauch pro PS_ist	15,3 kg/PS_istd

Flaschenwäsche.

Mittel dreier Versuchstage.
41 l Warmwasser für 100 Flaschen,
71 l Kaltwasser für 100 Flaschen.

Kannenwäsche.

7 l Warmwasser und 0,14 kg Dampf je Kanne.

Joghurt-Wasserbad.

Kühlwasser	650 l	je 100 l Milch
Warmwasser	100 l	je 100 l Milch
Dampf	6 kg	je 100 l Milch

Kraftverbrauch.

Maschine mit Transmissionen	10,5 PS
Speisepumpe	0,5 „
Eismaschine mit Rührer und Pumpe	17,5 „
Wasserpumpe	1,0 „
Entrahmungszentrifuge	1,5 „
Entrahmungsgruppe	3,5 „
Reinigungszentrifuge	1,0 „
Dauererhitzung	1,0 „
Milchpumpen	0,5 „
Flaschenwäsche	0,5 ,.

Zusammenstellung.

Gesamte angelieferte Milch	Liter	6370
Dauererhitzte Milch	„	5680
erhitzt von	° C	18,4
auf	° C	66,1

Schulmilch	Liter	194
erhitzt von	°C	18,4
auf	°C	66,1
Joghurtmilch	Liter	192
erhitzt von	°C	18,4
auf	°C	86,5
Entrahmungsmilch	Liter	1100
erhitzt von	°C	15,3
auf	°C	82,2
abgekühlt auf	°C	46,5
Speisewasser	kg	4630
erhitzt von	°C	54,5
auf	°C	85,3
Zusatzwasser	kg	2610
erwärmt von	°C	21,5
auf	°C	61,7
Gesamtes Warmwasser	kg	16 300
durch Dampf erwärmt von	°C	24,5
auf	°C	46,2
Warmwasserverteilung:		
Flaschenwäsche	kg	3 400
Kannenwäsche	,,	2 400
Joghurt	,,	260
Sonstiger Verbrauch für Reinigung	,,	10 240
Kohlenmenge	,,	870
Gesamte Kohlenwärme	1000 kcal	4 120
Dampfmenge	kg	4 630
Gesamte Dampfwärme	1000 kcal	3 020
Mechanischer Arbeitsverbrauch	{ PS$_i$std	213
	kWh	157
Höchstbelastung	{ PS$_i$	37
	kW	27,2
Mittlere Belastung	{ PS$_i$	32,2
	kW	23,7

Dampfverteilung.

Gesamte Dampfmenge	4630	kg
Hiervon etwa durch die Maschine	3500	,,
Direkt verbraucht etwa	1130	,,
Für Dauererhitzung	542	,,
Für Schulmilchvorwärmung	19	,,
Für Joghurtmilch	26	,,
Für Entrahmung	90	,,
Für Speisewasser	284	,,
Für Zusatzwasser	210	,,
Für Warmwasser	708	,,
Für Flaschen-, Kannenwäsche und Joghurtbad	110	,,
Somit Abdampfverwertung	1670	,,
Somit etwa Auspuffverlust	1830	,,

Molkerei O (Oktober).

Älterer Betrieb. In jeder Beziehung, auch in der Art der Untersuchung und dem Wert der Ergebnisse, der Molkerei L ähnlich. Tägliche Milchmenge rund 12000 l, etwa die Hälfte dessen, was verarbeitet werden kann. Hauptsächlich

Verkaufsmilch, wenig Butterei, letztere vor der Milchverarbeitung erledigt. Nur Dauererhitzung, soweit wie möglich mit Abdampf. Kühlmaschine, Speisewasservorwärmer, Wärmeaustausch und Kondensatrückführung vorhanden. Antrieb durch Dampfmaschine oder Elektromotor. Warmwasserbereitung durch Abdampf (Schlange im Behälter), nicht gut. Räume ausreichend, Reinigung nicht leicht. Auch dieser Versuch ist nur gebracht, weil, unter Berücksichtigung der schlechten Kesselarbeit, ein guter Vergleich zwischen elektrischem und Dampfantrieb möglich ist.

Von den 4 Versuchstagen wurde an 2 Tagen nicht gebuttert, an den anderen Tagen der Betrieb zwischen Buttern und Milchverarbeitung angehalten. Daher war eine Trennung der Verbrauchsmessungen, wie am Schluß angegeben, möglich.

Kessel.

Heizfläche		40,2 qm
Rostfläche		1,19 ,,
Zulässiger Druck		8 atü

		Dampf	Elektr.
Versuchszeit	min	229	262
Dampfmenge	kg	2585	1162
Dampfdruck	atü	6,95	6,90
Speisewassertemperatur	°C	94,2	40
Kohlenmenge	kg	515	322
Heizwert (unterer)	kcal/kg	6913	
Rostbelastung	kg	76,4	40,9
Heizflächenbelastung	qm std	16,9	6,64
Rohe Verdampfungszahl	kg/kg	5,02	3,62
Kesselwirkungsgrad	%	41,3	32,6
Kesselwirkungsgrad während der Betriebszeit	%	61,3	49,6
Abgasverlust (Siegert)	%	24	38,9

Große Dampfmaschine (nach Dampfmesser).

Stündlicher Dampfverbrauch	510 kg/st
Zylinderdurchmesser	30,15 cm
Hub	0,5 m
Indizierte Leistung	32,6 PS$_i$
Spez. Dampfverbrauch	15,6 kg/PS$_i$std
Betriebsdruck	7,5 atü

Kraftverbrauch.

Motor, leer	5,5 PS
Kühlmaschine	16,0 ,.
Entrahmungsgruppe	5,0 ,.
Frischmilchgruppe	6,0 ,,
Maschinentransmission	1,0 ,,
Transmissionen	3,0 ,,
Butterfertiger, butternd	8,0 ,,
Zentrifuge-Betrieb	1,5 ,,
Wärmeaustauscher, Entrahmung	0,7 ,,
Magermilchpasteur	1,6 ,,
Magermilchpumpe	0,6 ,,
Vollmilcherhitzer	3,0 ,,
Höchste Belastung	38,0 ,,

Ungefähre Milchtemperaturen.

Gesamte Milchmenge	12 000 Liter
Anlieferungstemperatur	15° C
Verkaufsmilch:	
nach Wärmeaustauscher	23° C
nach Erhitzer	68° C
nach Dauerwanne	65° C
nach Austauscher, Rückweg	50° C
nach Solekühler	2° C
Entrahmungsmilch:	
nach Wärmeaustauscher	38° C
nach Magermilchpasteur	80° C
nach Austauscher, Rückweg	50° C
Nur für Entrahmung und Vollmilchverarbeitung:	
Kohlenverbrauch	496 kg
Dampfverbrauch	2640 „
Stromverbrauch	87 kWh
Kohlenverbrauch	322 kg
Dampfverbrauch	1162 „
Nur für Buttern:	
Kohlenverbrauch	144 „
Dampfverbrauch	1030 „
oder Stromverbrauch	36 kWh

		I	II	III
Kohlenverbrauch auf 1000 l Milch	kg/1000 l	53,3	26,8	41,3
Dampfverbrauch auf 1000 l Milch	kg/1000 l	305	97	220
Kohlenwärmeverbrauch auf 1 l Milch	kcal/l	368	185	286
Dampfwärmeverbrauch auf 1 l Milch	kcal/l	198	63,5	144
Stromverbrauch auf 1000 l Milch	kWh/1000 l	—	10,25	3,0
Kohlenverbrauch bez. auf Kohlen von 7000 kcal/kg	kg/1000 l	52,6	26,4	40,9

wobei I: Buttern und Betrieb nur Dampfantrieb,
II: Buttern und Betrieb nur elektrischer Antrieb,
III: Buttern elektrisch, Betrieb Dampfantrieb.

Preisgleichheit mit reinem Dampfbetrieb, wenn 50 kg Kohlen frei Molkerei 1,50 RM. kosten:
Für II: bei rund 7,7 Pfg./kWh,
Für III: bei rund 12,0 Pfg./kWh.

Molkerei P (Juni).

Ziemlich neuzeitlich. Tägliche Milchmenge etwa 15000 l, fast voll belastet. Hauptsächlich Vollmilchverarbeitung für Verkauf (offen und in Flaschen), wenig Butterei, wenig Käserei, ziemlich viel Joghurt. Die einzige, in dieser Arbeit erwähnte Molkerei, welche als städtischer Großbetrieb bezeichnet werden kann. Betriebszeit durchgehend etwa 10 Stunden. Abgesehen von der Entrahmung fast nur Dauererhitzung, soweit wie möglich mit Abdampf. Entrahmung: Hocherhitzung. Kühlmaschine vorhanden, während der Versuchstage leider nicht ganz in Ordnung. Kondensatrückführung, Speisewasservorwärmer vorhanden, kein Wärmeaustausch, Dampfmaschine alt, in gutem Zustand, wegen defekten Kondensators der Kühlmaschine leider kein Dampfverbrauchsversuch möglich. Warmwasserbereitung mit Abdampf (Schlange im Behälter), ganz unzureichend. Warmwasserbehälter mit frischem und mit Kühlerwasser gefüllt.

Räume reichlich groß, recht gut zu reinigen.
Dem Versuch, 4 Tage, zu einem mittleren zusammengezogen, traten keine Schwierigkeiten entgegen.
Gefeuert wurden Braunkohlenbriketts.

Kessel.

Heizfläche	45,59 qm
Rostfläche	1,52 „
Zulässiger Druck	8 atü
Versuchszeit	567 min
Dampfmenge	7480 kg
Dampfdruck	7,6 atü
Speisewassertemperatur	79,5° C
Kohlenmenge	1610 kg
Heizwert (unterer)	4695 kcal/kg
Rostbelastung	112 kg
Heizflächenbelastung	17,3 qm std
Rohe Verdampfungszahl	4,65 kg/kg
Kesselwirkungsgrad	58 %
Abgasverlust (Siegert)	18,2 %

Der nächtliche Dampfverlust von ca. 485 kg (Undichtigkeiten, Kondensation) ist hier nicht gerechnet, er würde den Wirkungsgrad um etwa 3 % verbessern.

Kraftverbrauch.

Maschine mit Transmission	7,2 PS
Kühlmaschine	18,6 „
Wasserpumpe	0,6 „
Dynamo	4,5 „
Flaschenwäsche	1,0 „
Dauerpasteurisierung	7,1 „
Entrahmung	3,0 „

An der Batterie hängt ein Teil der Flaschenwäsche, Beleuchtung und Aufzug.

Zusammenstellung.

Gesamte Anlieferung	Liter	14 833
Nochmals verarbeitete Rückmilch	„	733
Gesamte Verarbeitung	„	15 565
Gewaschene Flaschen	Stück	9 700
Gewaschene Kannen	„	1 100
Entrahmungsmilch	Liter	4 415
erhitzt von	° C	15
auf	° C	45
Dauererhitzung und Joghurt	Liter	11 350
erhitzt von	° C	16
auf	° C	63
Rückmilch	Liter	732
erhitzt von	° C	15
auf	° C	80
Kohlenmenge	kg	1 610
Gesamte Kohlenwärme	1000 kcal	7 550
Dampfmenge	kg	7 480
Gesamte Dampfwärme	1000 kcal	4 890
Gesamte Warmwassermenge	kg	26 320
erhitzt auf	° C	57,8

Und zwar: Kaltwasser . . . . kg 18 000
   von . . . . °C 11
Zurückgewonnenes Kühlwasser . . . . kg 8 320
   von . . . . °C 33,7
Verbraucht für Reinigung . . . . kg 21 740
Verbraucht für Speisung . . . . „ 4 580
Gesamtes Speisewasser . . . . „ 7 970
Also Kondensatanteil . . . . { „ 3 390
   % 42,5
Speisewasser erwärmt von . . . . °C 47,0
   auf . . . . °C 79,5
Mechanischer Arbeitsverbrauch . . . . { $PS_i std$ 322
   kWh 244
Kohlenmenge auf 7000 kcal/kg umgerechnet . . . . kg 1 079
Höchstbelastung . . . . { PS_i 42
   kW 30,8
Mittlere Belastung . . . . { PS_i 35
   kW 25,7

Dampfverteilung.

Gesamter Verbrauch . . . . 7480 kg
Durch die Maschine (16 kg pro $PS_i std$ angenommen) . . . 5300 „
Entrahmungsmilch . . . . 264 „
Dauererhitzung . . . . 1050 „
Joghurtmilch . . . . 19 „
Rückmilch . . . . 95 „
Speisewasservorwärmung . . . . 518 „
Warmwasserbereitung . . . . 2088 „
Kannendämpfen, Reinigung, direkte Warmwasserbereitung,
   Verlust . . . . 3446 „

Es wäre verfehlt, die in dieser Arbeit gebrachten Zahlen schon als Unterlage für Neuprojektierungen oder zur Beurteilung bestehender Betriebe benutzen zu wollen. Dafür sind die aus jeder Betriebsartgruppe untersuchten Molkereien denn doch noch nicht zahlreich genug. Außerdem waren sie, wie schon erwähnt, in der Einrichtung fast durchweg noch zu stark mit Fehlern behaftet oder hatten zu wenig Milch zu verarbeiten. Wenn auch versucht worden ist, die Betriebe so zu charakterisieren, daß jeder Fachkundige sich ein Bild von der technischen Ausrüstung, der Betriebsweise und dem Belastungsgrad machen kann, so ist eben doch ein unvollkommener Betrieb als Vergleichsmaßstab nicht geeignet. Es lassen sich ja die Einflüsse der vielen Fehlerquellen auf das Gesamtergebnis theoretisch nicht erfassen, da hier eins in das andere greift.

Trotzdem behalten die ermittelten Zahlen ihren Wert. Einerseits ist es wertvoll, auch die Verbrauchszahlen wärmewirtschaftlich schlecht arbeitender Betriebe zu kennen, andererseits beweisen sie, mit welch verschiedenartigen Kohlen- und Dampfverbräuchen die Molkereien arbeiten.

Tabelle 1.

		Molkerei A Elektr.	Molkerei A Dampf	Molkerei B Dampf	Molkerei C Dampf	Molkerei D Dampf	Molkerei E Dampf
Kesselheizfläche	qm	10,0	10,0	30,0	25,0	30,1	50,7
Milchmenge	l	3500	3500	5400	8100	3200	10 000
Kesselwirkungsgrad	%	34,3	49,0	52,5	50,0	57,2	60,6
Absol. Kohlenverbrauch auf 1000 l Milch	kg/1000 l	43,8	62,8	43,2	42,7	73,5	82,2
Reduz. Kohlenverbrauch für Kohle von 7000 kcal/kg auf 1000 l Milch	kg/1000 l	39,7	56,9	46,2	41,6	71,2	81,4
Kohlenwärmeverbrauch je 1 l Milch	kcal/l	278	398	323	291	498	570
Dampfverbrauch auf 1000 l Milch	kg/1000 l	149	317	295	262	452	589
Dampfwärmeverbrauch auf 1 l Milch	kcal/l	97	205	193	171	294	383
Stromverbrauch auf 1000 l Milch	kWh/1000 l	3,6	—	0,13	—	—	—
Arbeitsverbrauch auf 1000 l Milch	kWh/1000 l	3,6	4,9	6,32	?	?	10,3
Reinigungswarmwasserverbrauch auf 1000 l Milch	kg/1000 l	?	381	235	229	?	746
Höchste Belastung	kW	3,8	6,1	11,7	?	?	30,5
Mittlere Belastung	kW	2,7	3,7	7,9	?	?	22,8
Betriebszeit der Antriebsmaschine	min	280	?	260	?	260	270
Brennölverbrauch auf 1000 l Milch	kg/1000 l	—	—	—	—	—	—
Kühlmaschine		nein	nein	nein	ja	nein	ja
Kondensatrückgewinnung		„	„	ja	„	„	nein
Wärmeaustauscher		„	„	nein	nein	„	„
Belastung (Milchmenge)		fast normal	fast normal	niedrig	normal	niedrig	normal
Butterei		ja	ja	ja	ja	ja	ja
Käserei		nein	nein	nein	nein	nein	„
Städt. Verkaufsmilch		„	„	„	„	„	wenig

Aus diesem Grunde ist es unbedingte Pflicht der Betriebsleiter bzw. der Vorstände und Aufsichtsräte, in Zukunft auch diesem Unkostenkapital eine gesteigerte Aufmerksamkeit zuzuwenden.

Der Weg zu einer verbesserten Energiewirtschaft geht aber nur über eine bessere maschinentechnische Betriebskontrolle und Betriebsbuchführung, die in kleineren Betrieben einfach sein kann, mit zunehmender Größe aber immer weiter ausgebaut und mehr ins einzelne vertieft werden muß.

Eine wesentliche Mehrbelastung, wie das vielleicht zunächst den Anschein haben mag, liegt hierin für Betriebsleitung und Personal nicht. Groß ist ja die Zahl der zu machenden Feststellungen keineswegs, aber der Vorteil macht sich sehr bald fühlbar und man wird diese Verbesserung als wertvolle Kontrollhilfe bald nicht mehr missen wollen.

Als Taf. 2—4 sind einige Muster für ländliche Buttereien oder Käsereien wiedergegeben, wie sich diese nach unseren Erfahrungen bewährt haben und zur Benutzung empfohlen werden können.

Tabelle 1.

Molkerei F Dampf	Molkerei G Dampf	Molkerei G Diesel	Molkerei H Dampf	Molkerei J Dampf	Molkerei K Dampf	Molkerei L Dampf	Molkerei L Elektr.	Molkerei M Dampf	Molkerei N Dampf	Molkerei O Dampf	Molkerei O Elektr.	Molkerei P Dampf
25,0	18,0	18,0	14,7	80,5	45,0	25,0	25,0	21,1	34,5	40,2	40,2	45,6
10 500	3880	3400	5900	11 700	12 000	5640	5630	3040	6370	12 000	12 000	14 800
57,6	59,3	45,6	46,4	49,9	54,0	46,6	29,4	61,3	64,8	61,3	49,6	58,0
49,1	74,4	37,6	44,5	56,4	55,2	40,1	21,4	92,0	136,5	53,3	26,8	103,5
49,6	64,6	32,6	47,4	61,0	46,5	42,9	22,8	93,1	92,5	52,6	26,4	69,4
347	452	228	332	427	325	300	159	651	647	368	185	485
330	440	169	256	368	289	224	72	533	727	305	97	480
214	288	110	165	240	188	145	47	347	474	198	63,5	314
—	—	—	—	—	—	—	7,1	—	—	—	10,3	—
10,4	20,8	17,9	3,6	10,1	10,1	?	7,1	17,3	24,6	?	10,3	15,7
529	169	131	252	419	657	?	?	1130	2560	?	?	1395
21,6	20,3	18,7	7,6	39,0	21,7	?	?	17,0	27,2	?	?	30,8
14,5	16,4	14,8	5,2	25,8	16,3	?	?	12,0	23,7	?	?	25,7
440	260	250	250	280	461	270	260	290	390	230	260	570
—	—	4,2	—	—	—	—	—	—	—	—	—	—
ja	ja	ja	nein	ja	ja	ja	ja	ja	ja	ja	ja	ja
ja	nein	nein	,,	nein	nein	nein	nein	nein	,,	nein	nein	,,
nein	,,	,,	ja	teilweise	ja	ja	ja	ja	wenig	ja	ja	nein
normal	mittel	mittel	fast normal	niedrig	normal	niedrig	niedrig	niedrig	fast voll	wenig	wenig	fast voll
ja	wenig	wenig	mittel	ja	ja	ja	ja	ja	wenig	ja	ja	wenig
,,	nein	nein	nein	nein	nein	nein	nein	wenig	,,	wenig	wenig	,,
wenig	ja	ja	ja	ja	ja	wenig	ja	ja	ja	ja	ja	ja

Um die wertvollen Feststellungen machen zu können, die in diesen Tafeln angegeben sind, sind nur folgende Meßinstrumente notwendig:
1 Kohlenwaage,
1 Speisewassermesser,
1 Warmwassermesser.
einige Glasthermometer.

Die Bedeutung derartiger täglicher Messungen ist aber auch für die wissenschaftliche Erforschung der Energiewirtschaft außerordentlich groß. Die Einzeluntersuchungen können ja immer nur den Zustand bei einer bestimmten Betriebsbelastung zeigen. Da diese aber naturgemäß stark wechselt — und zwar je nach der angeschlossenen Landwirtschaft in verschiedenen Gegenden ganz verschieden — läßt sich von dem erhaltenen Bildausschnitt nicht auf das ganze Jahr schließen. So kann ein in der Einzeluntersuchung für günstig befundener Betrieb im Jahresdurchschnitt ungünstig arbeiten. Da uns aber nur der günstige Abschnitt bekannt ist, halten wir vielleicht die in der betreffenden Molkerei

Tabelle 2. Maschinentechnische Betriebsbuchführung einer ländlichen Butterei oder Käserei (täglich).

Datum	Verarbeitete Milch Liter	Zahl vor Betriebsbeginn		Elektr. Zähler vor Betriebsbeginn			Kohlen netto		Betriebszeit. Dampfmaschine für				Temperaturen						
		Warmwasser	Speisewasser	Kraft	Licht		eingewogen kg	zurückgewogen kg	Buttern		Entrahmung		Speisewasser	Warmwasser		Milch			
									an	ab	an	ab	°C | °C	°C | °C	°C | °C	Anlief. °C | °C	Erhitzung °C | °C		

Summe

Tabelle 3. Auswertung der Betriebsbuchführung von Tabelle 2 (monatlich).

Monat	Monatsmittelwerte				Strom			Betriebszeit			Temperaturen				
	Milch l	Dampf kg	Kohlen kg	Warmwasser l	Kraft kWh	Licht kWh		Buttern Min.	Entrahmung Min.	Gesamt Min.	Speisewasser °C	Warmwasser °C	Milch Anlief. °C	Erhitzung °C	

Tabelle 4. Fortsetzung der Auswertung von Tabelle 3.

Monat	Entrahmungszeit	Kohlenverbrauch	Dampfverbrauch	Stromverbrauch	Warmwasserverbrauch	Verdampfungszahl	Belastung der Heizfläche	Preise			Kosten		
		auf 1000 l angelieferte Milch				kg Dampf je kg Kohle	kg je qm i. d. Stde.	Kohlen M./50 kg	Strom M./kWh		Kohlen	Strom	Gesamt
											auf 1000 l Milch		
	Min./1000 l	kg/1000 l	kg/1000 l	kWh/1000 l	1/1000 l						M./1000 l	M./1000 l	M./1000 l

getroffene Maschinenanordnung für gut, während sie erheblich besser sein könnte. Auch das Gegenteil kann eintreten, daß nämlich das von uns ermittelte Betriebsbild schlechter ist, als der Jahresdurchschnitt und dementsprechend die Beurteilung der Anlage zu schlecht ausfällt.

Es ist daher im ureigensten Interesse, geradezu eine Pflicht der Molkereien, durch derartige, laufende Betriebsbuchführungen unsere Forschungen zu unterstützen, denn nur so können wir wieder helfen und den Wert unserer Untersuchungen voll zur Geltung bringen. Der Erfolg wird dann eine erhebliche Erniedrigung der Betriebskosten sein, die in der heutigen Notzeit doppelt erforderlich ist.

Zum Beweis der vorhergehenden Behauptungen möge folgendes Beispiel dienen:

Drei Molkereien in Schleswig haben sich Kesselspeisewassermesser, zwei hiervon auch noch Kohlenwaagen beschafft. Für die Aufschreibung der Messungen wurde folgendes Muster benutzt:

Datum	Kohlen kg	Speisewasser		Buttern		Entrahmen		Vollmilchmenge l	Butterausbeute Pfd.
		Zahl	Temp. °C	Anfang	Ende	Anfang	Ende		

Aus den Aufschreibungen sind die in der Abbildung gebrachten Kurven berechnet. Eine allgemeine Beschreibung eines Teiles dieser Kurven ist bereits in Nr. 20 Jahrg. 1926 der „Milchwirtsch.-Zeitung" Lübeck erfolgt. Es sei hier nur noch einmal kurz darauf hingewiesen, daß die Kurven der auf 1000 l Milch umgerechneten Verbräuche fast genau der Milchkurve entgegengesetzt verlaufen, daß also hier die bei einiger Überlegung klare Tatsache bewiesen ist: je größer die verarbeitete Milchmenge, desto geringer wird der Kohlenverbrauch je Liter Milch. Aber nicht nur die Abhängigkeit des Kohlenverbrauches von der Milchmenge an sich, sondern auch die Größe des Verbrauches für jede Milchmenge ist sofort zu ersehen. Auch ein Studium der Verdampfungszahl und der Kesselbelastung ist sehr interessant.

Diese Aufschreibungen setzen uns in den Stand, an Hand schon vorgenommener, jedoch noch nicht ausgewerteter Versuche die Betriebsverhältnisse in diesen Molkereien bei den verschiedenen Milchanlieferungen genau zu studieren und zu untersuchen, ob die Wahl der Maschinen auch tatsächlich richtig ist. Da diese Betriebe typisch und nach den heutigen Anschauungen ganz modern sind, kann schon in der nächsten Arbeit über die zweckmäßigste Einrichtung beschränkter Betriebe abschließend berichtet werden.

Von einem Muster für die Betriebsbuchführung städtischer Betriebe größeren Ausmaßes sehen wir vorläufig ab, da noch nicht genug Unter-

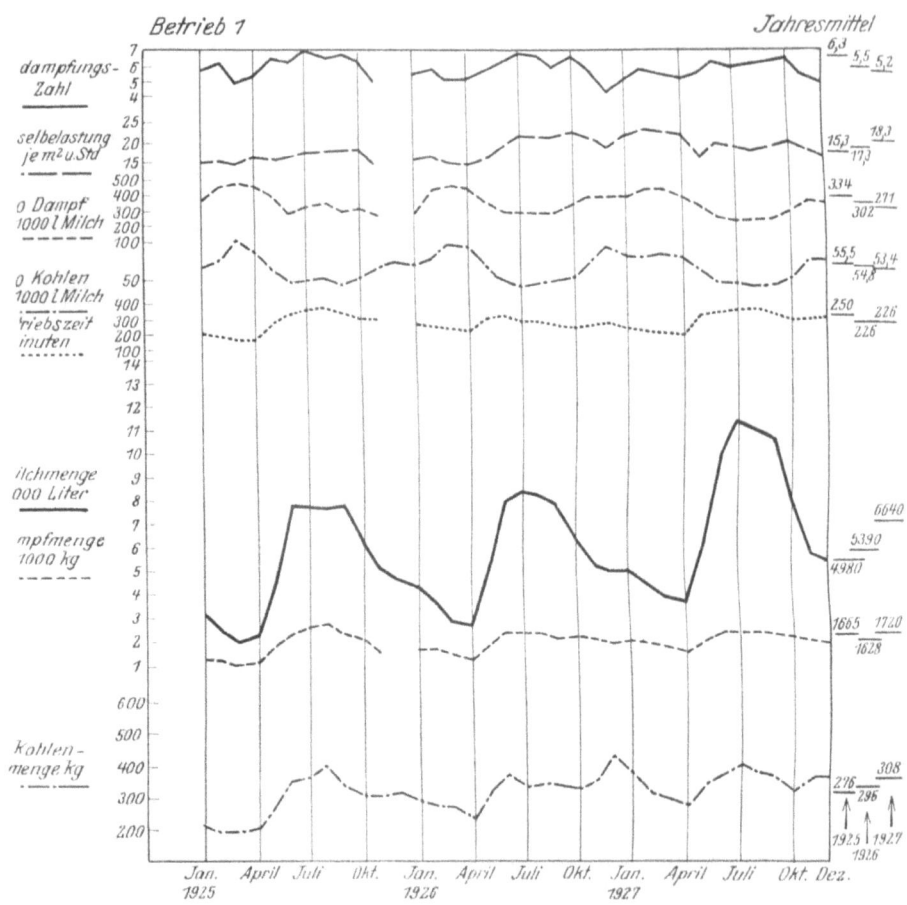

Abb. 1.

suchungen vorliegen, um alles umfassende, allgemeingültige Vorschläge zu machen.

Es kann hier nicht unerwähnt bleiben, daß bisher aus städtischen Betrieben uns noch keine Unterlagen in der eben erwähnten Art gegeben worden sind. Dies ist um so bedauerlicher, als gerade der städtische Betrieb mit seinem viel größeren Kohlenverbrauch auch viel mehr Kohlen sparen kann, daß sich mithin die Meßeinrichtung besser bezahlt macht, als beim Landbetrieb. Die im laufenden Jahr vorzunehmenden Untersuchungen städtischer Betriebe werden so viel Material ergeben, wie wir jetzt schon vom Landbetrieb besitzen. Wenn aber nicht wenigstens einige Großmolkereien die täglichen Messungen vornehmen, so wird die Auswertung dieses wertvollen Materials nicht

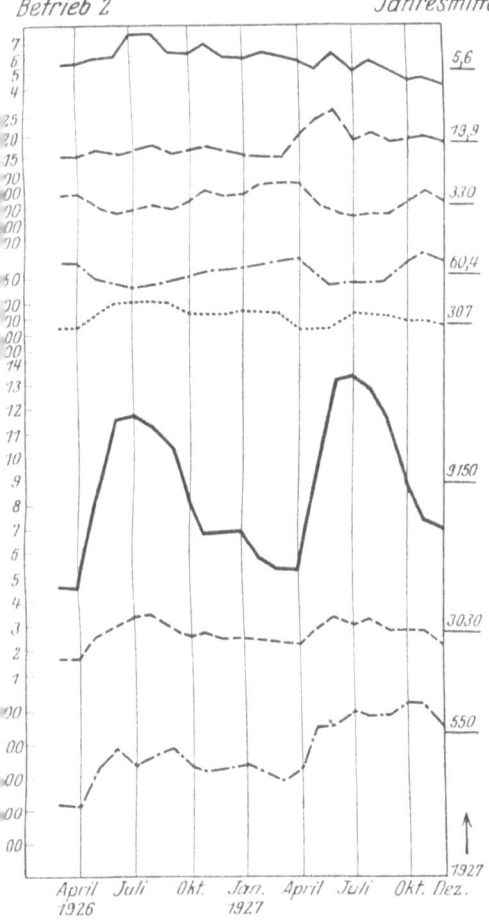

so vollkommen möglich sein, wie dies infolge der Pionierarbeit der drei Landmolkereien ohne Schwierigkeiten gelingt. Daher gilt die oben ausgesprochene Bitte um Mitarbeit ganz besonders für städtische Betriebe. Wir sind gern bereit, auf Anfrage hin Muster für tägliche Betriebskontrolle auszuarbeiten und bei der Beschaffung der notwendigen Meßinstrumente behilflich zu sein.

Zusammenfassung.

In der vorliegenden Arbeit werden die Ergebnisse von 15 Molkereiuntersuchungen vorgelegt. Nach einer kurzen Besprechung der Geschichte dieser Untersuchungen wird das Untersuchungsverfahren erklärt und die verwendeten Meßinstrumente angegeben. Sodann sind die Untersuchungen und ihre Ergebnisse zahlenmäßig gebracht. Hierbei sind in kurzen, jeder Untersuchung vorangesetzten Betriebsbeschreibungen soviel Angaben gemacht, als zur Beurteilung des Betriebes und der Untersuchung notwendig sind. Die ermittelten Zahlen sind in einer Tabelle übersichtlich in der Form zusammengestellt, daß ein Vergleich untereinander und mit anderen Betrieben möglich ist. Die Verbräuche an Kohlen, Dampf und Kraft weichen stark voneinander ab; aus diesem Grunde wird am Schluß an alle, besonderes aber an die städtischen Molkereien die Aufforderung gerichtet, sich durch tägliche Betriebskontrolle an den Forschungen zu beteiligen, um möglichst bald sichere Unterlagen für die Beurteilung und den Neu-, sowie Umbau von Molkereibetrieben aller Art zu erhalten.

MIX
Papier aus verantwortungsvollen Quellen
Paper from responsible sources
FSC® C105338

If you have any concerns about our products,
you can contact us on
ProductSafety@springernature.com

In case Publisher is established outside the EU,
the EU authorized representative is:
**Springer Nature Customer Service Center GmbH
Europaplatz 3, 69115 Heidelberg, Germany**

Printed by Libri Plureos GmbH
in Hamburg, Germany